Manuale del combattimento notturno

1983

Manuali Militari

Premessa

La comparsa sul campo di battaglia moderno di armamenti sempre più potenti e micidiali e di mezzi per l'osservazione che permettono l'acquisizione immediata e precisa di obiettivi, impongono di intensificare ed affinare l'addestramento ad operare, muovere e combattere in ambiente notturno. A ciò si aggiunge la fisionomia che hanno assunto i recentissimi conflitti, quella cioè di guerre locali e limitate, combattute in parte con la tecnica della guerriglia.il che significa in pratica attacchi di sorpresa, infiltrazioni, agguati, sabotaggi che trovano nella protezione della notte il loro alleato. Ma per poter muovere ed operare in siffatta condizione è necessario innanzitutto che il combattente, superato il naturale blocco psicologico posto dall'ambiente particolare, venga abituato all'oscurità prima è reso capace poi di osservare, muovere ed impiegare il proprio armamento nelle più svariate condizioni di visibilità riscontrabili nell'ampia gamma compresa tra la notte lunare serena e stellata e la notte illune e con cielo coperto da fitto strato di nubi. Lo scopo che pertanto si prefigge questo manuale e di fornire primariamente utili indicazioni sull'ambiente fisico, sugli organi preposti alla vista e all'udito, sui mezzi ausiliari per l'osservazione e sull'orientamento e successivamente, con suggerimenti didattici talvolta originali, una guida alla condotta in ambiente notturno all'addestramento individuale e di reparto.per quest'ultimo è sembrata più che esauriente la sola trattazione della sicurezza, dell'esplorazione E della pattuglia di combattimento, ritenendo l'apprendimento di tale addestramento il massimo, come difficoltà, richiesta di un combattente.

La notte - generalità

1. La notte

La notte è il riposo della natura, attività e rumore cessano. Singoli rumori, sommersi di giorno dalla massa di quelli diurni, possono essere uditi. L'orecchio umano ascolta meglio di notte, questa trasporta il suono più lontano, perché? La causa non è solo nel silenzio. Di giorno l'aria si riscalda in diversa misura, i suoni debbono perciò attraversare strati di diversa consistenza, e perdono così parte della loro capacità di penetrazione, di notte invece la temperatura è approssimativamente uguale e perciò possono trasmettersi senza risultare indeboliti. Abituata ai rumori del giorno, l'uomo apprezza quelli notturni più vicini di quanto in realtà non siano. Inoltre si possono dire di notte rumori che di giorno non possono essere percepiti, sia perché vengono normalmente coperti da quelli diurni, sia perché, per esempio, vengono causati da animali notturni che di giorno riposano. Anche l'occhio viene ingannato: luce di ogni tipo appare all'osservatore notturno più vicina che di giorno.

2. I vari tipi di notte

La notte profonda (notte di luna nuova)

Appare sostanzialmente nera, scura come la notte. L'occhio è praticamente messo fuori causa, può però individuare movimenti sullo sfondo del cielo e la più debole luce. Rumori possono essere uditi a grande distanza, soprattutto in calma di vento. L'occhio può essere ingannato da singoli elementi naturali di particolare conformazione, come cespugli, rovine, covoni di grano eccetera, soprattutto a causa della tensione nervosa e del senso di insicurezza. La notte di luna nuova è particolarmente adatta alla presentazione, all'inizio dell'addestramento, delle caratteristiche di propagazione del suono e della luce di notte e, vivamente, al controllo del livello addestrativo raggiunto. In guerra è particolarmente adatta a piccole azioni di combattimento come colpi di mano o penetrazione. Essa offre la possibilità di mettere alla prova la resistenza nervosa dell'avversario.sparatorie isolate illuminazione a casaccio ne dimostreranno la vulnerabilità nei confronti di un attaccante abile e deciso. È inoltre utile sapere che avvallamenti, scavi, gruppi di cespugli e boschi, anche sui sentieri che li attraversano, offrono eccellente copertura alla vista. Il terreno libero, soprattutto con sfondo scuro, può essere attraversato. Le apparecchiature per l'osservazione notturna possono essere impiegate con successo.

La notte relativamente chiara (con mezzaluna, luna crescente o calante, luna piena con cielo coperto).

Consente una visibilità tale che l'occhio esercitato può individuare oggetti e persone che si muovono in terreno libero.l'ombra prodotta dalla vegetazione o dagli edifici offre sufficiente copertura i rumori possono essere uditi altrettanto bene che nella notte profonda, ed indicano al soldato addestrato la direzione in cui dirigere l'osservazione. Cambiamenti di posto per migliorare le condizioni di osservazione possono essere opportuni. Nel corso dell'addestramento queste notti sono particolarmente indicate per esercitare il movimento da zona coperta a zona coperta e per apprendere e scegliere posizioni sicure. In guerra, la notte relativamente chiara e adatta alle azioni di maggior rilievo, per esempio attacco con obiettivo limitato. Poiché la visibilità si estende fino ad una distanza di 100-150 m.

La notte chiara (luna piena o notte bianca del periodo estivo).

Le condizioni di visibilità sono ancora migliori.con binocoli adatti particolarmente luminosi possono essere conseguiti eccellenti risultati. Campi aperti e linea di cresta con sfondo scoperto devono essere evitati, l'occhio non trova alcun elemento di confronto tutti i contorni si presentano ugualmente netti.è importante utilizzare le ombre e la vegetazione ai fini della copertura. L'orientamento è facilitato. Le notti in questione sono particolarmente adatte per l'addestramento:

- al movimento, evitando superfici scoperte

- al combattimento di avanguardia

In guerra, su terreno parzialmente coperto, sono

possibili azioni di attacco appoggiate da armi pesanti, l'artiglieria e carri.apparecchiature per l'osservazione notturna possono essere usate in questo caso come nel precedente.

La notte di tempesta

Rende difficile l'ascolto e facilita l'avvicinamento al nemico. I rumori prodotti dalla tempesta nel muovere rami, fili, eccetera, impressionano ed opprimono il soldato in esperto. Egli vede e sente dappertutto il nemico, i movimenti dei cespugli lo ingannano. Durante l'addestramento queste notti devono essere utilizzate soprattutto per l'addestramento delle vedette, con rappresentazione del nemico, delle pattuglie di esplorazione e di combattimento, particolare importanza deve essere attribuita all'intelligente utilizzazione dei rumori naturali per coprire i propri movimenti. In caso di notte di luna, il lacerarsi delle nuvole garantisce per breve tempo una relativamente buona visibilità, che può essere utilizzata per sostare in vicinanza del nemico, osservare ed orientarsi. L'impiego di apparecchiature per l'osservazione notturna è possibile. La riflessione ottica causata dal movimento della vegetazione stanca sensibilmente l'occhio dell'osservatore. Nel generale movimento la riflessione più lenta causata da personale allo scoperto risalta però immediatamente.

La notte di pioggia

Impedisce la visibilità ed inghiotte i movimenti.

L'umidità influenza negativamente il giovane soldato, che facilmente si preoccuperà solo di se stesso.la sicura percorribilità del terreno è compromessa. Rumori tipici sono causati dallo strofinare e sventolare dell'equipaggiamento impermeabile e dal passaggio di pozzanghere e zone fangose. Tracce fresche sono sul terreno. Queste notti sono particolarmente adatte all'addestramento di resistenza e per l'assolvimento di compiti in condizioni di particolare difficoltà. Parallelamente può essere trattata, come argomento particolare, la costruzione di ripari dalla pioggia e di piste sicuramente percorribili. In guerra, truppe ben addestrate possono portare a compimento colpi di mano e penetrare nelle posizioni nemiche.Le apparecchiature per l'osservazione notturna sono inutilizzabili.

La notte invernale con gelo senza neve

Rende indispensabile nei movimenti in vicinanza del nemico, la protezione delle calzature ai fini di evitare rumori e scivolamenti. L'avvolgimento delle scarpe con stracci è indispensabile, sono inoltre necessari la protezione del personale contro le intemperie e la costruzione di un riparo controvento per le vedette. Anche queste nottate sono adatte all'addestramento di resistenza. L'uso di bevande alcoliche deve essere rigorosamente vietato. In casi di azioni notturne deve essere tenuto presente che l'interramento è reso difficile o addirittura impossibile a causa del gelo. Per la difesa è favorevole la circostanza che i colpi delle armi di piccolo calibro rimbalzano e colpiscono anche di traverso, similmente a quanto avviene sul selciato stradale negli abitati. Le apparecchiature per l'osservazione notturna possono essere impiegate con successo.

La notte invernale con neve

Agevola la vista. Se non nevica i rumori sono chiaramente udibili anche a distanza. Tutto ciò che è scuro risalta con i contorni netti. Le tracce sono facilmente individuabili. Il mascheramento richiede particolare cura. Colori da usare: il bianco, il nero e il grigio. Particolarmente sentita è l'esigenza di recuperare i contorni mediante la mescolanza dei colori. In caso di precipitazione nevosa i rumori vengono fortemente attenuate. La neve portata dal vento impone la costruzione di un riparo, per il quale pochi rami legati insieme possono già essere sufficienti.Le postazioni per le vedette devono essere possibilmente scelte in modo che gli uomini possano stare in piedi, postazioni di donne dovranno essere vicine ai posti di osservazione. I movimenti devono essere effettuati su tracce preesistenti. La neve profonda può rendere indispensabile l'impiego di racchette o sci. In addestramento è necessario adottare sistematicamente tutte le misure necessarie per proteggere il personale dal freddo e dalla neve. Esercitazioni di sostituzione di truppe in posto, di ricognizione, osservazione e sicurezza sono particolarmente adatte a questo ambiente.

La notte di nebbia

Fa apparire tutto incerto e sfumato. Ogni cespuglio inganna, ogni passo è insicuro. Solo la bussola garantisce il movimento alle più piccole unità. In terreno montano ogni movimento al di fuori dei sentieri e della strada può invece divenire impossibile. In particolari circostanze sentieri e mulattiere devono essere provvisti di corrimano di legno e Phil di ferro per facilitare il movimento a piedi. Esercitazioni di sostituzione di truppe imposto, compiti di sicurezza lungo itinerari e di esplorazione lungo sicure linee di riferimento (strade, linee telegrafiche e telefoniche, limiti di bosco, rive di fiumi, linee ferroviarie) nonché azioni di sorpresa contrapposizioni avversarie con l'utilizzazione di riferimenti, riconosciuti in precedenza, sono utili per apprendere e superare le particolari difficoltà della notte di nebbia.Le apparecchiature per l'osservazione notturna sono in questo caso, come nel precedente (precipitazione nevosa) inutilizzabili.

3. L'occhio umano

Vale la pena di dire qualcosa in merito al funzionamento dell'occhio umano. È a questo scopo opportuno prendere le mosse dall'esperienza che ciascuno ha già fatto. Nel rapido passaggio da un ambiente chiaro ad un oscuro l'occhio non percepisce più. Tutto appare scuro. Solo dopo un po' di tempo ci si abitua all'oscurità e si è in grado di riconoscere gli oggetti. Qual è il motivo? L'improvviso apparire della luce distrugge la sostanza oculare che rende possibile la visione notturna: la porpora, quanto di meno ne rimane dopo l'improvvisa sensazione luminosa, tanto più tempo dura la cecità. L'occhio forma tuttavia nuova porpora e la capacità di vedere di notte riprende gradualmente, il tempo a ciò necessario può però per alcuni durare fino ad un'ora. È opportuno perciò:

- non passare mai improvvisamente dalla luce all'oscurità

- non guardare mai direttamente sorgenti luminose di notevole intensità quali raggi illuminanti o riflettori.

La luce del giorno penetra nell'interno dell'occhio attraverso la lente. I raggi luminosi colpiscono la parte centrale della retina. Qui si trovano le sfere così chiamate a causa della loro forma, che entrano in funzione quando l'intensità luminosa e maggiore all'incirca di quella della mezzaluna. La luce notturna raggiunge l'interno dell'occhio lungo la stessa strada. I raggi luminosi vengono però intercettati dei bastoncini, che si trovano dietro le sfere, e costituiscono l'occhio notturno dell'uomo, essi sono molto sensibile alla luce ed entrano in funzione quando l'intensità luminosa è inferiore a quella della notte di mezzaluna. La loro sensibilità può accrescersi quando l'occhio viene esercitato dall'oscurità. È quindi sicuramente migliorare la capacità visiva notturna. Il militare deve essere convinto che, con l'addestramento, l'osservazione è possibile anche di notte. Prove sperimentali hanno dimostrato che, alla luce delle sole stelle, 99 persone su 100 riescono a distinguere, con diversa precisione, degli oggetti. La pratica e l'adattamento all'oscurità migliorano la capacità di vedere di notte. Un buon adattamento all'oscurità si ottiene restando al buio almeno 30 minuti. Ciò è dovuto, come già accennato in precedenza al fatto che l'occhio si sensibilizza al buio a mano a mano che nella retina si forma la porpora retinica. Un buon metodo per vedere meglio di notte e quello della visione foni centro. Se si guarda poco al di sopra, al di sotto, allato di un oggetto, questo si vede più chiaramente che non per visione diretta. L'oggetto, che si vuole osservare con maggior cura, deve essere guardato con brevi e intermittenti occhiate, poiché se si fissa per lungo tempo, esso diviene confuso (eccessiva quantità di porpora retinica).

4. L'udito

L'udito deve completare le possibilità dell'occhio di notte e talvolta sostituirle. Soprattutto il riconoscimento dei rumori richiede molto esercizio. Un orecchio ben esercitato è un buon aiuto per la determinazione delle distanze. Come riferimento possono essere utili i seguenti dati di esperienza raccolti in calma di vento:

- passi di uomo sul terreno libero: 40 m

- parlottare dei singoli individui: 50 m

- rottura di un ramo: 80 m

- discussione di più persone: 100 m

- sbattere di equipaggiamento metallico: 300 m

- sbattere di alberi abbattuti: 300 m

- colpi di accetta, rumore di sega: 300/400 m

- truppe in marcia su terreno vario: 300 m

- truppe in marcia su strada: 600 m

- caricamento di mitragliatrice: 500 m

- messa in opera di pali: 700 m

- autocarri in movimento su strada: 800 m

- autocarri in movimento su terreno vario: 1000 m

- carri in movimento su terreno vario: 1200 m

- carri in movimento su strada: 3000/4000 m

Le posizioni di vedetta devono essere sempre scelte e allestite in modo che il vento non colpisca direttamente l'orecchio, costante attenzione deve perciò essere portata alle zone riparate dal vento. Nel raggio d'azione di un posto ascolto, che si basa prevalentemente sull'udito, deve essere assente tutto quello che sotto l'azione del vento produce rumore. In alcuni casi può essere necessario eliminare le fonti di rumore per un raggio di alcuni metri (ad esempio: erba alta, grano, rami di cespugli).

5. I mezzi ausiliari dell'osservazione

Munizioni illuminanti

Vengono usate per migliorare la possibilità di osservazione di notte, unitamente alle foto elettriche. Alla categoria delle munizioni illuminanti appartengono:

- razzi illuminanti per pistola lanciarazzi

- granata illuminanti

- bombe illuminanti

- mine illuminanti

I razzi illuminanti permettono al soldato in posizione avanzata di illuminare per breve tempo il terreno antistante per migliorare l'osservazione. La durata è breve. Razzi illuminanti muniti di paracadute, quindi di maggiore durata, vengono normalmente impiegati quando debba venire riconosciuto l'avvicinarsi del nemico, ovvero obiettivi avversari debbano venire individuati e battuti con le armi pesanti disponibili.

Le granate illuminanti (obice da 105, illuminante M314 con spoletta a doppia accensione MTSQ 501) illuminano il terreno a giorno. Esse servono ad esplorare osservare e battere obiettivi con le armi pesanti e con l'artiglieria. L'artiglieria impiega le munizioni per: illuminare il terreno sul quale siano da supporre movimenti di consistenti forze avversarie; controllare ed osservare il fuoco della propria artiglieria di notte; effettuare l'aggiustamento su obiettivi; indicare la direzione di attacco alla fanteria e alle pattuglie esploranti odi combattimento. Per una illuminazione continua di lunga durata occorre una granata ogni 30 secondi. L'ampiezza della zona illuminata è di circa 1100 m quadri. Questo sistema viene impiegato per azioni di ampio respiro, cioè per la difesa o la preparazione di attacchi notturni. In ambedue i casi, con questa luce ci si deve comportare come di giorno.

Le bombe illuminanti vengono parimenti impiegate in un quadro di ampio respiro. Esse servono all'illuminazione e delimitazione di una zona obiettivo per l'impiego di aerei e unità di artiglieria.

Le mine illuminanti vengono posate accoppiate ad altri ostacoli e sbarramenti è possibile anche l'impiego a fini di sicurezza, essendo il loro scoppio provocato dal nemico. La potenza illuminante di tali ordigni è all'incirca compresa tra quella del razzo illuminante con paracadute e quella della granata e illuminante.

Le stazioni fotoelettriche

Sono state spesso impiegate nella seconda guerra mondiale, per migliorare la visibilità nel combattimento terrestre: illuminando direttamente gli obiettivi per accecarli o batterli con il fuoco diretto; o, in favorevoli condizioni meteorologiche, illuminando con numerosi riflettori lo strato inferiore delle nubi, per ottenere una luminosità riflessa sul campo di battaglia. Con il secondo procedimento vengono messi in difficoltà i movimenti in campo aperto, le condizioni di visibilità si avvicinano a quella del giorno, gli obiettivi appaiono con la loro sagoma, la stima delle distanze è relativamente difficile, come nelle notti di luna piena. In genere sistema troppo corto.

Visori ad intensificazione di luce

Utilizzano apparecchiature (binocoli a lenti speciali ad alto ingrandimento) che intensificano la luminosità dell'atmosfera anche quando questa è pressoché impercettibile all'occhio umano. La portata orientativa è di circa 1 km, varia con il grado di luminosità dell'atmosfera e decade nettamente in presenza di nebbia o foschia.

Visori all'infrarosso

Utilizzano i raggi infrarossi, impercettibili all'occhio umano, ma ubbidienti alle stesse leggi fisiche della luce per quanto concerne fenomeni di riflessione. Negli apparati in questione coesistono un proiettore di raggi infrarossi ed un cannocchiale capace di convertire le radiazione luminose visibili. Gli apparati a raggi infrarossi vanno distinti in: apparati per l'osservazione comportata utile di 150 m; Apparati per l'osservazione del tiro di notte comportata utile di 150 m; apparati per l'osservazione tattica a distanza comportata utile intorno agli 800/1000 m. Gli apparati a raggi infrarossi comportata utile intorno ai 150 m consentono di osservare a fare fuoco di notte in condizioni analoghe a quelle diurne. Prima di trattare la possibilità e l'impiego delle apparecchiature, sarà opportuno sintetizzare i principi scientifici dei raggi infrarossi. Se in un locale scuro si dirige un sottile raggio di luce solare su uno schermo bianco filtrandolo attraverso un prisma, si constata che la luce bianca viene da questo suddivisa in numerose strisce diversamente colorate. La costante successione dei colori è quella già nota dell'arcobaleno. Minuziose indagini hanno portato alla conclusione che la scala delle onde visibili si estende da quelle corte del viola a quelle lunghe del rosso. Interessanti risultati sono stati ottenuti dalla misurazione delle temperature, infatti oltre la lunghezza d'onda del rosso, quindi al di fuori della scala dei colori visibili, furono constatate notevoli variazioni di temperatura rispetto a quell'ambiente. Con ciò si era ottenuta la prova che accanto al rosso visibile, al di fuori dello spettro, sono presenti raggi invisibili detti infrarossi. La luce è una energia radiante che si propaga in forma ondulatoria, con determinata frequenza. La luce visibile occupa solo un piccolo settore del complesso della banda delle onde elettromagnetiche. Essa si estende da 400 a 600 nm. I raggi infrarossi hanno una lunghezza d'onda maggiore della luce visibile, però minore delle onde radio ultra corte. Il raggio d'azione utilizzabile a fini militari oscilla tra i 640 e 2000 nm, la capacità di penetrazione nell'atmosfera e buona, ma fumo, leggeri precipitazioni nevose e piovose, e consistente formazione di vapore terrestre non possono essere penetrati. Incontrando corpi solidi, le onde vengono riflesse e assorbite. La superficie dell'oggetto colpito e quindi di importanza determinante: superfici perfettamente lisce (come uno specchio o il cofano motore lucidato di un autocarro) rinviano molti più raggi di superfici ruvide e in uguali (come, ad esempio, una parete con intonaco granulato). Acqua ferma o in lento scorrimento assorbe completamente le radiazioni. L'intensità di riflessione è strettamente dipendente dal colore dell'oggetto investito. I colori naturali riflettono più chiaro di quelli artificiali, se questi ultimi non vengono particolarmente trattati per adattarne gli effetti a quelli dei colori naturali. Questo fatto è di essenziale importanza ai fini della mimetizzazione.

Colore	Riflessione	Assorbimento	Appare nell'apparato i.r. come
Nero	0%	100%	Nero
Terra	18%	82%	Grigio scuro
Grigio	25%	75%	Grigio chiaro
Sabbia	30%	70%	Grigio medio
Oliva	40%	60%	Grigio medio-chiaro
Verde	50%	50%	Grigio chiaro
Bianco	90%	10%	Grigio luminoso

L'occhio umano è in grado di percepire la radiazione infrarosso e la sua riflessione soltanto con l'ausilio di mezzi tecnici. L'immagine infrarosso (in strumento ottico od in fotografia) si presenta con la mutazione di colori di cui allo specchio precedente. Poiché i colori sono in natura molto diversi, ed estese superfici di colore uniforme sono, al di fuori di specchi d'acqua e di superfici nevose, piuttosto rare, vengono qui di seguito indicati alcuni accorgimenti per la mimetizzazione sul terreno. Contrasti infrarosso possono venire realizzati nel modo migliore producendo contrasti di colore da adattare all'ambiente circostante. Macchie di fuliggine, macchie di terra (solo per breve tempo) e soprattutto rami di abete, producono nella forma più semplice i necessari contrasti all'infrarosso. Nell'adottare tali misure con terra bisogna tenere presente che questa, disseccandosi, perde la sua efficacia. Anche di giorno, nella luce solare, sono presenti gli stessi raggi infrarosso che di notte vengono prodotti dalle sorgenti artificiali. I colori della natura, osservati con l'apparecchiatura infrarosso, producono di giorno e di notte gli stessi contrasti. Perciò, ai fini dell'adattamento ai colori circostanti, le misure per il mascheramento notturno possono essere adottate fino dalle ore diurne. Indifferenza e superficialità possono avere conseguenze mortali. Tra le apparecchiature infrarosso la più pericolosa per il singolo è proprio la più semplice, quella adattabile al fucile.essa consente l'immediato e diretto intervento sull'obiettivo in quadrato. Ogni uomo deve conoscere questo strumento, i suoi effetti, i suoi limiti e i suoi punti deboli. Il proiettore infrarosso assorbe, durante l'attività, molta corrente. La batteria è normalmente sufficiente per quattro ore di ininterrotta illuminazione, ma già dopo due ore sia una rilevante caduta di corrente, essa deve perciò venire impiegata per non più di 20 minuti di illuminazione in interrotta. Se un determinato settore deve essere attentamente sorvegliato e necessario l'impiego di più apparati che si avvicendano nel compito. Il più pericoloso avversario è costituito dalle apparecchiature similari nemiche, per la loro individuazione sono in uso apparecchiature infrarosse di allarme, che producono un ticchettio di avviso allorché colpite da radiazioni infrarosse. Ulteriori elementi da tenere presente nell'impiego sono i seguenti:

- cattiva penetrazione attraverso fumo, vapori terrestri, nebbia, neve e pioggia; in tali casi non c'è da attendersi alcun risultato.

- edifici, alberi, cespugli, pieghe del terreno, sottoposti ad illuminazione infrarossa, producono le stesse ombre prodotte con qualunque illuminazione naturale o artificiale, non dimenticarlo.

- in caso di improvvisa forte illuminazione, ad esempio di un normale artificio illuminante, il cannocchiale può divenire inservibili. Prepararne la protezione.

- oggetti e persone immobili riparate da vegetazione o dal corrispondente mascheramento sono difficilmente individuabili.

Possibilità di impiego delle apparecchiature a raggi infrarossi. L'impiego di tiratori e tiratori scelti con apparecchiature infrarosso deve essere disciplinato al massimo. In genere sono impiegati insieme due o più tiratori, che possono agire in appostamento, in caccia o in con funzione di accompagnamento nel corso di azioni speciali. I tiratori impiegati impostazione o per il pattugliamento di una determinata zona ricevono l'incarico di battere obiettivi a libera scelta od obiettivi particolari, come osservatori, puntatori di armi pesanti, porta ordini, eccetera. Una certa sicurezza in settori di modesta ampiezza particolarmente minacciati può essere ottenuta impiegando più tiratori che si integrano reciprocamente e si alternano sul posto, ad esempio per compiti di sicurezza contro pattuglia esploranti tra i capisaldi, per l'impiego in zona di sicurezza, come sicurezza complementare durante la pausa di mine. Conveniente può essere l'assegnazione di tiratori con apparecchiatura infrarosso alle pattuglie di combattimento o, nella preparazione di un attacco notturno. Nelle pattuglie di combattimento i tiratori con apparecchiatura infrarosso batteranno il nemico uscito dalle proprie posizioni per il contra salto, oppure nella fase dello sganciamento. Nella difesa da pattuglie di combattimento avversarie il sistema migliore e di battere il nemico dalle proprie posizioni. Nella penetrazione nel combattimento in territorio nemico il comandante di pattuglia della minore unità terrà a breve distanza i tiratori con apparecchiature infrarosse, al fine di poterne ordinare l'intervento di volta in volta.

Con particolare efficacia potranno essere impiegati contro le reazioni di contro assalto avversarie.

Indicazioni addestrative

- ogni uomo dovrebbe avere l'opportunità di osservare con apparecchiature infrarosso, di notte oggi in un locale oscurato, oggetti di diverso colore

- posizioni, anche per le vedette, devono essere scelti in modo che i movimenti avvengono al riparo di vegetazione o al riparo di uno schermo mimetico

- la mimetizzazione deve essere attentamente adattata all'ambiente

In conclusione per la visione notturna deve essere indicata anche la possibilità di impiego del binocolo. La diffusa opinione che solo speciali binocoli possono essere impiegati di notte è falsa. Anche il normale binocolo in dotazione alle truppe concorre validamente ad una migliore visibilità. Il suo impiego notturno deve perciò costituire oggetto di esercizio.

6. Orientamento di notte

I mezzi ausiliari offerti dalla natura

L'orientamento nel buio è di grande importanza e può essere appreso solo nel corso di esercitazioni pratiche, le lezioni teoriche non sono assolutamente sufficienti. La determinazione della direzione del Nord è la premessa all'orientamento, a questo scopo esistono molti metodi applicabili quando non si disponga di una bussola. Il soldato deve imparare ad individuare la stella polare. Questa si trova sempre ed esattamente a nord, ed è una parte di due segni stellari di forma inconfondibile. Per individuarla si cerca la figura dell'orsa maggiore o grande carro, si congiungono le due stelle posteriori del carro con una linea immaginaria, prolungando cinque volte la linea così ottenuta, si incontrerà così una stella particolarmente lucente: la stella polare o stella del nord. Anche con la luna ci si può orientare.questa ruota intorno alla terra compiendo un intero ciclo di circa 29 giorni. Durante tale periodo è più o meno visibile, o anche invisibile, dalla terra a seconda della sua posizione rispetto al sole. I vari aspetti, sotto cui la si vede, determinano le quattro fasi principali, ognuna delle quali dura poco più di sette giorni: luna nuova (non visibile); primo quarto; luna piena; ultimo quarto. Per l'orientamento con la luna, rammentare che la luna crescente (che diventerà piena) alla gobba a ponente, la luna calante che tende a ridursi fino a non essere più visibile, ha la gobba a levante.

Il mantenimento della direzione di notte sul terreno specialmente in zone montuose, con uso della bussola e di punti di riferimento sul terreno, è spesso troppo complicato. Generalmente è meglio assumere punti di riferimento celesti. Se la notte stellata si può scegliere, in corrispondenza del valore segnato dalla bussola, la stella indicante la direzione da seguire. Sarà però necessario effettuare ogni 30 minuti un controllo ed una correzione, poiché in questo lasso di tempo la stella si sarà spostata. Un altro aiuto per la determinazione della direzione e offerto dei vecchi alberi, i quali presentano, nella parte esposta a nord ovest o a ovest, uno strato di muschio. Questo può essere riconosciuto al tatto, soprattutto nei fusti a corteccia ruvida, o adoperando una pila elettrica. Una similare formazione di muffa o muschio può essere constatata sulle pareti ugualmente esposte di case isolate.

I mezzi ausiliari tecnici

- I più importanti mezzi di questo tipo sono la **bussola e l'orologio**. Con il loro aiuto ogni soldato deve essere capace di muovere. Particolarmente utili per il loro impiego sono le esercitazioni di movimento sul terreno al di fuori di sentieri e piste, evitando fattorie, località abitate ed ostacoli. L'acquisita sicurezza di impiego può essere decisiva per le azioni notturne. In particolare l'orologio deve avere possibilmente lancette numeri fosforescenti e, in ogni azione notturna, almeno due uomini ne devono essere equipaggiati.

- **Le lampade tascabili** sono elemento indispensabile di ogni azione notturna.il loro impiego come mezzo di segnalazione deve essere comandato. Sono però necessarie lampade che abbiano filtri colorati, bianco, rosso, verde o blu. È necessario sapere che la luce azzurra è difficile da individuare, é pertanto la più indicata per segnali luminosi a breve distanza. Sono particolarmente indicate per contrassegnare corridoi nei campi minati attraverso ostacoli passivi.

Un ulteriore mezzo ausiliario è costituito dal tiro di munizioni traccianti da parte delle mitragliatrici. Questo sistema può essere impiegato, tra l'altro, per indicare la direzione ad una pattuglia o i limiti di settore di un attacco notturno a nostre forze dopo un colpo di mano di un certo rilievo.

Proiettori diretti verticalmente verso l'alto o fuochi accesi in terreno libero possono venire impiegati per indicare la direzione di movimento a nostre forze dopo un colpo di mano di un certo rilievo.

7. Mezzi ausiliari per la sicurezza vicina di notte

Lo scopo della sicurezza vicina, utilizzando mezzi di campagna, e quello di fornire una garanzia contro sorprese ed un avvertimento in caso di avvicinamento di pattuglie avversarie. È però necessario risvegliare l'ingegnosità del soldato perché, in genere il tempo disponibile per l'adozione delle necessarie misure sarà scarso. I mezzi di avvertimento e di allarme dovranno essere collocati sulla direzione di avvicinamento più favorevole per l'avversario.

Filo di inciampo e capi di fil di ferro. La messa in opera del filo d'inciampo richiede tempo. Nell'erba alta l'occultamento all'osservazione terrestre è molto facile. Le teste dei paletti debbono essere coperte, ad esempio, consolle erbose, del pari, dopo aver messo in opera l'ostacolo, e necessario risollevare l'erba calpestata. Se il tempo disponibile e poco sarà conveniente usare i capi di filo di ferro, che sono particolarmente adatti a terreni coperti da erba o coltivati a cereali, che il nemico deve attraversare di corsa. I tappi devono essere leggermente inclinati nella direzione di provenienza dell'avversario.

Sbarramento speditivo. Un buon valore di ostacolo si può realizzare il rotolando sul terreno filo spinato (senza tenderlo) appoggiando rotoli di concertina. Questi ultimi vengono normalmente muniti di sistemi acustici di allarme come campanelli e trappole con fili di inciampo. Il massimo grado di sorpresa potrà essere realizzato se il terreno verrà preventivamente riconosciuto durante il giorno e l'ostacolo posato con l'oscurità. Tutte le tracce che possono far dedurre la presenza dell'ostacolo debbono essere fatte accuratamente scomparire. L'effetto dei fili di inciampo, dei capi metallici e degli sbarramenti speditivi può essere incrementato accoppiandovi mine o cariche interrate.

Mine da segnalazione M48 ed illuminanti. Ambedue sono particolarmente adatte come singoli mezzi di allarme di difesa o in accoppiamento con i mezzi precedentemente esaminati. Esse possono essere fatte esplodere direttamente dalla postazione della vedetta mediante trazione del filo di collegamento metallico. Allo scopo possono essere adottati singoli ordigni esplosivi e mine di ogni genere provviste di accenditore e strappo. L'effetto di piccole cariche viene sensibilmente incrementato se sistemate in scatole di latta assieme a chiodi, viti e piccoli elementi metallici dello stesso genere.

Trappole illuminanti. Possono essere realizzate con le mine illuminanti.

Mezzi di allarme.

- **Filo di allarme**, si tende nell'erba alta o tra gli alberi, all'altezza dei piedi o all'altezza di strisciamento. Questa attrezzatura richiede poco tempo e solo limitate quantità di materiale. Il filo va teso naturalmente e per una ragionevole distanza. L'erba calpestata va successivamente riportata nella posizione naturale. Paletti e pioli, tagliati verdi, possono essere battuti con pietre, per ridurre l'entità del rumore sarà sufficiente ricoprirne la testa con stracci. Se il tempo inizialmente a disposizione è poco, ci si potrà servire di rami secchi e di piccoli bastoni, i quali possono parimenti offrire discrete prestazioni.

- **Linea di allarme**, serve ad avvertire le forze retrostanti dell'avvicinarsi del nemico.

L'addestramento individuale

1. L'obiettivo addestrativo

L'insegnamento che si può trarre dalle due guerre mondiali e dai recenti conflitti limitati è il seguente: la notte è favorevole agli uomini addestrati. Personale addestrato che abbia acquisito familiarità con l'oscurità può conseguire il successo di notte anche contro un avversario superiore per numero e armamento. Direttiva di fondo per l'addestramento può pertanto essere considerata la seguente: attraverso l'abitudine a creare la sicurezza di notte e la superiorità sul nemico.Le esperienze di guerra ci dicono però anche che, soprattutto nel corso di combattimenti notturni, spesso si verificano crisi di panico, anche presso reparti generalmente ben solidi. Nell'addestramento entrano quindi anche fattori psicologici che debbono essere tenuti in debito conto dal personale istruttore. L'istinto di aggregazione e la paura condizionano già di per sé il comportamento del soldato in combattimento, ma il loro influsso si manifesta di notte e misura più elevata.A tale proposito ci appare sintomatica una citazione dell'americano Robert Jackson, citazione che riveste particolare valore per l'addestramento notturno:

"sul campo di battaglia il vero nemico è la paura e non la baionetta o la pallottola, solo chi è spiritualmente preparato può utilizzare interamente le proprie forze".

Altrettanta importanza riveste nello specifico campo, la

disciplina. Imprudenza e superficialità possono compromettere l'esito di un'azione. La disciplina deve essere oggetto di un'approfondita istruzione ed educazione, essa è alla fin fine un problema di forza di volontà del singolo. Tradotto nel campo pratico del combattimento notturno, essa può così essere sintetizzata:

- nessun rumore

- nessun suono o voce

- nessuna luce

- nessun movimento incontrollato

Costante obiettivo del singolo: non essere né visto né udito.

Vantaggi e svantaggi del combattimento notturno influenzano sensibilmente lo sviluppo dell'addestramento e la materia di insegnamento. Essi possono essere ancora così sintetizzati:

Vantaggi:

- possibilità di muovere non visti anche in vicinanza del nemico

- possibilità di utilizzare il fattore sorpresa

- limitazione degli effetti delle armi avversarie, inclusi i carri ed aerei

- possibilità di notevoli successi anche da parte di piccole unità, con minori perdite che di giorno

- maggiori probabilità di trarre in inganno e giocare d'astuzia l'avversario.

Svantaggi:

- limitate condizioni di visibilità e di osservazione

- difficoltà di orientamento e di comando

- pericolo di venire a propria volta sorpresi

- limitata cooperazione con le armi di accompagnamento

- rapido esaurimento dell'attenzione del rendimento

Attraverso il sistematico addestramento, protratto per un esteso periodo di tempo, questi svantaggi possono essere eliminati, quantomeno attenuati. Si possono infine sintetizzare qui i diversi punti di vista dei quali deve essere considerato l'addestramento al combattimento notturno:

- la conoscenza

- la capacità

- il fattore psicologico

- la disciplina

2. Lezioni e dimostrazioni

La lezione deve introdurre l'addestramento, le dimostrazioni completeranno quanto è stato detto nel corso della lezione. Ambedue preparano il giovane militare all'addestramento. Gli argomenti delle lezioni e le corrispondenti presentazioni sono qui di seguito riuniti in temi.

Argomento numero uno: la vista

Lezione: l'occhio e la sua funzione di notte, in particolare l'effetto di un'improvvisa illuminazione.

Dimostrazione complementare: l'abbagliamento

- località: locale della caserma con possibilità di oscuramento

- periodo: durante l'addestramento interno o in caso di tempo molto brutto

- scopo: mostrare la reazione dell'occhio nel passaggio dal chiarore all'oscurità

- sviluppo:

  - Dovranno partecipare, per ogni locale, Uno o due istruttori e 68 militari. Il locale deve essere oscurato rispetto all'esterno e deve poter venire illuminato il più chiaramente possibile. I partecipanti stanno in piedi vicino ad una parete. Ripartite tra pavimento, sedie e tavoli, si trovano nel locale armi, materiale di equipaggiamento ed apparecchiature che all'inizio devono essere coperti in modo da non poterne distinguere la sagoma. Si accende la luce e la si spegne, contemporaneamente si toglie la copertura al materiale. Gli allievi vengono invitati a comunicare cosa credono di vedere si avvicinano al corrispondente materiale.

○ L'allievo deve apprendere che quelli i cui occhi hanno impiegato più tempo per recuperare la capacità visiva, devono evitare, di notte, le luci improvvise e i cambiamenti di luce. La porpora ha bisogno di tempo per ricostruirsi talvolta fino ad un'ora. A questo svantaggio si può ovviare mediante comportamento adeguato esercizio della vista in diverse condizioni di luce o Assunzioni in dosi massicce di vitamine a e B (olio di fegato di merluzzo, carote, carne). Raffreddore, mal di testa e stanchezza, così come abuso di fumo di alcolici, influenzano negativamente la capacità visiva di notte. In caso di impiego di artifici illuminanti, è necessario gettarsi possibilmente in zone d'ombra, udendo la detonazione del sibilo chiudere gli occhi, quando l'illuminazione è nato, osservare attraverso una fessura delle palpebre e con un occhio solo.

Indicazioni per il personale istruttore: prendere nota degli allievi che riacquistano rapidamente la capacità visiva e di quelli che hanno invece bisogno di molto tempo, questi ultimi dovranno essere stimolati e seguiti.

Dimostrazione complementare: la sue fazione dell'occhio

- Località: ricercare, in prossimità della caserma, un terreno con capannoni e similari edifici non illuminati, cespugli, gruppi di alberi, pali del telegrafo o similari, sentieri. Automezzi, apparecchiature, materiale vario e singole sagome vengono sistemati con o senza sfondo protettivo.

- Periodo: periodi appositamente dedicati all'addestramento notturno, durante una notte relativamente chiara e di luna nuova.

- Scopo dell'addestramento: assuefazione dell'occhio all'oscurità. Constatare la capacità visiva dei singoli. Prendere nota dei migliori e dei peggiori.

- Sviluppo: gli allievi sono suddivisi in piccoli gruppi (ciascuno di otto o 10 uomini) presso i loro istruttori in modo da non disturbarsi reciprocamente:

  ○ Gli allievi devono osservare il terreno da sinistra a destra, in un settore determinato e, dopo 10 minuti, segnalare e descrivere i singoli oggetti riconosciuti (tipo di materiale, forma dei cespugli e degli alberi, particolari degli edifici o di un palo telegrafico, riflessi dei cavi telefonici, eccetera). Il soldato deve apprendere ed osservare il terreno e gli oggetti in esso contenuti con precisione e metodo e ad impiegare gli oggetti più chiari per facilitare l'individuazione di quelli più scuri.

○ L'istruttore assegna un settore nel quale sono sistemati oggetti difficilmente individuabili e ne dice il numero. Gli allievi cercano, prima in piedi, poi in ginocchio e distesi, di individuarli.chi non li vede si avvicina con l'istruttore fino al punto di riconoscerli. Guardare possibilmente dal basso in alto, quindi meglio distesi. Infine, oggetti già di per sé voluminosi appaiono di notte più estesi e più alti di quanto non siano in realtà.

Indicazioni per il personale istruttore: è necessario far ripetere questa esercitazione al personale che dimostra di trovarsi in difficoltà. Mediante la sue fazione, l'aiuto dell'istruttore ed un vitto supplementare idoneo possono essere migliorate le capacità visive. I cosiddetti casi disperati non potranno mai essere impiegati in difficili servizi di vedetta di notte. Molta pazienza e necessaria con il personale che dimostra difficoltà alla sua fazione all'ambiente notturno.

Argomento numero due: la vista e l'udito

Lezione: L'udito integra e talvolta sostituisce la vista. Esso deve perciò consentire di interpretare i rumori e distinguere quelli prodotti dalla natura (animali, vento, eccetera) da quelli prodotti invece dall'uomo e dalle macchine. Inoltre il militare deve imparare a riconoscere da dove provengono, se si avvicinano, quindi se il nemico si avvicina, o se si allontanano, se si spostano da destra verso sinistra o viceversa. Deve inoltre imparare a distinguere ciò che gli produce ad esempio un uomo, un cavallo, un cane, un ocello una cascata, una macchina, il vento tra i rami degli alberi, nell'erba o tre fili del telefono o, infine, la pioggia sulle foglie. Deve sapere quali cause rafforzano e attenuano il rumore prodotto dei passi dell'uomo, scarpe chiodate o di gomma sulla strada, scarpe comuni su pavimento di legno, eccetera. In sintesi: il rumore prodotto dei passi dell'uomo è maggiore se prodotto da sole dure sul suolo duro, minore se prodotto da sole morbide su pavimentazione dura o da suole dure su pavimentazione morbida, sarà quasi impercettibile quando suole morbide vengono a contatto con pavimentazione morbida. Su neve fresca i passi non possono essere uditi, il contrario avviene invece su neve gelata. Nel bosco i rumori risuonano più forti. L'andatura lenta gli attenua la corsa veloce e rafforza. L'allievo deve inoltre apprendere quali rumori vengono prodotti da truppe in campagna e come si possono riconoscere (ad esempio: i soldati che scavano, che lavorano con il piccone, martellano, battono, adoperano l'accetta, sedano, tirano fili, caricano o scaricano armi). Insegnamento: non fare rumore! Come si può tenere? Non parlare, non ridere, non tossire, non soffiare il naso, non starnutire! Soldati fortemente raffreddati non devono essere impiegati in servizi di vedetta né tantomeno di pattuglia. I rumori tipici del raffreddore si prevengono nel modo seguente: la tosse e con una leggera pressione del pomo d'Adamo, gli starnuti e mediante l'introduzione dei mignoli nelle narici. In caso di improvvise accessi di tosse e starnuti: nascondendo bocca il naso nel fazzoletto aperto tenuto con ambedue le mani a forma di coppa, se possibile, appoggiare la fronte sul terreno.

La vista, se adeguatamente esercitata, può rendere eccellenti servizi anche di notte: cielo chiaro, stelle o luna, e mettono in molte notti una certa luce. In terreno aperto si vede meglio che in quello coperto. Il terreno boscoso o cespuglioso è più scuro i colori non si possono distinguere. Ad una certa distanza si può tuttavia riconoscere sei un gatto, una casa, un indicatore di direzione, un tronco (la corteccia) sono chiari oscuri. Per questo motivo si mettono pietra e consegno i bianchi ai lati della strada, appunto per delimitarla inequivocabilmente. Insegnamento da trarre: per movimenti notturni ricercare punti di riferimento chiari o comunque facilmente identificabili (macchie di sabbia, cabine di trasformazione, alberi isolati, serbatoi d'acqua) cioè quegli oggetti che per il loro colore chiaro o per la loro sagoma possono essere visti o riconosciuti. D'altra parte il soldato deve imparare a scurire tutto quanto nel suo equipaggiamento e nella sua persona è chiaro come volto, mani, nuca.

Oggetti o persone immobili sono quasi impossibili da riconoscere, vengono invece individuati in movimento. Insegnamento da trarre: restare immobili quando non si deve venire riconosciuti dal nemico, il movimento in silenzio può essere proseguito all'ombra o al riparo della vegetazione.

La luce può essere vista da lontano prudenza nel suo impiego.usarla soltanto in caso di necessità assoluta. In molte azioni notturne sarà impossibile evitare segnali luminosi con la pila elettrica, in tal caso evitare l'impiego di luce rossa o bianca, relativamente facile da rilevare anche a distanza dall'osservatore. La luce azzurra, invece, è difficile da individuare perché quasi si confonde con l'ambiente. Gli artifici illuminanti migliorano la visibilità, tranne che in caso di nebbia, con il loro ausilio e contempo buono il campo visibile si estende per circa 200 m. Quando le impiega il nemico bloccare ogni movimento, tranne che nel momento dell'assalto. Se possibile, buttarsi a terra. La vampa delle armi da fuoco è visibile a notevole distanza, quella di fucile e di mitragliatrice consente di determinare la posizione dell'arma. Insegnamento da trarre: possibilmente sparare da posizione coperta, dopo alcuni colpi cambiare posizione (naturalmente nella condotta della difesa questo non sarà né possibile né opportuno). Nel tiro a distanza prendere nota della direzione in cui si osserva la vampa (per poterlo comunicare) e contare i secondi intercorrenti tra l'apparizione di questa è la percezione del suono, al fine di poter stabilire la distanza. Il suono viaggia alla velocità di 333 m/s. Se l'osservatore conta 5 secondi, significa che l'arma da cui proviene il fuoco è distante dal punto di stazione: 333 × 5 = 1665 m.

Dimostrazione complementare: l'udito e la vista di notte:

- Località: poligono di tiro e addestramento

- Periodo: periodi normalmente dedicati all'addestramento notturno, possibilmente di notte chiara, stellata con vento. Prima di ogni dimostrazione effettuare esercitazioni di ascolto (30 min), soprattutto con vento variabile, pioggia, eccetera, per fare osservare le diverse caratteristiche dei rumori prodotti dalla natura.

- Scopo dell'addestramento: dare delle idee in merito ai rumori di notte.dimostrare gli effetti della luce di notte.

- Sviluppo: tutti gli allievi siedono intorno all'istruttore. L'inizio delle dimostrazioni viene segnalato con megafono, luci e segnali di fischietto.la regia deve funzionare. È opportuno effettuare prima delle prove.

  o Parte prima: l'udito

    ▪ Primo gruppo: movimenti camminare e correre, sul terreno duro, con diversi tipi di calzature con o senza avvolgimento di panna, in zona cespugliosa, nel bosco, con o senza protezione e assicurazione dell'equipaggiamento, muovendo in direzioni diverse.

- Secondo gruppo: singoli rumori, parlare, chiamare, ridere, tossire, starnutire, caricare armi, scavare, dare colpi di piccone colpi di accetta, piantare pali, stendere i fili metallici, il tutto a diverse distanze, facendo effettuare la stima dagli allievi.

- Terzo gruppo: rumore di macchina, mettere in moto motore, partire, passare vicino o muovere su strada o sul terreno vario con AR, autocarri di vario tipo, azionare macchine da lavoro tra parentesi moto sega, compressori, eccetera) fare stimare le distanze, per gli automezzi la direzione di movimento.

○ Parte seconda: la vista

- Primo gruppo: le luci, accendere fiammiferi e sigarette, accendere pile elettriche bianche, rosse e azzurre, fare stimare la distanza, impiegare vari tipi di artifici illuminanti.

- Secondo gruppo: comportamento individuale, assaltatori muovono con faccia e mani mascherate e non mascherate verso gli allievi, movimenti con e senza sfondo, movimento e congelamento alla luce di artifici illuminanti, pattugliatori svolgono attività allo scoperto e a riparo con luce artificiale.

- Terzo gruppo: armi da fuoco, fuoco di tiratori isolati e di fucili mitragliatori, in campo aperto e da posizioni coperte, scoppio di una bomba mano. A maggiore distanza: accensione di singole cariche esplosive, fuoco di un mortaio.

Argomento numero tre: l'orientamento di notte

Determinare la direzione dei punti cardinali con l'aiuto della stella polare, della luna, di alberi e di case (formazione di muschio o muffa) di chiese e cimiteri, della bussola e di carte o schizzi. In questo tipo di addestramento, che deve essere svolto di giorno e di notte, anche il tatto viene in aiuto dei già menzionati organi dei sensi (vista e udito), in quanto è in grado di percepire il sottile strato di muschio che si forma nella parte più esposta alle intemperie della corteccia di alberi isolati, steccati, pali di legno, case e fienile.Le so le presentazioni non sono sufficienti. Mentre in questo e potrà solo essere mostrata la stella polare e illustrato l'uso della bussola, saranno le esercitazioni di orientamento, svolte di giorno e di notte, a conferire la necessaria sicurezza in questo campo. L'impiego di carte schizzi con riferimento appunto linea di riferimento (ad esempio strade, linee ferroviarie, corsi di fiumi e ruscelli, limiti di bosco e di località, eccetera) deve essere costantemente provato in ogni tipo di addestramento, di notte, sotto la guida di personale specializzato. È opportuno impiegare i soldati che eccellono in questo campo come aiuto istruttori per il movimento notturno.

3. Comportamento di notte

In questa fase i soldati devono acquisire la fiducia in se stessi per le azioni notturne. Questo addestramento è il fondamento è la premessa per tutte le successive attività addestrative, gli si deve perciò dedicare il tempo a sufficienza. Parallelamente adesso si svolgeranno le esercitazioni ed il corrispondente addestramento ginnico sportivo, tuttavia, solo per ragioni di chiarezza di esposizione, gli argomenti vengono trattati separatamente.

- Addestramento di stazione. L'addestramento al comportamento notturno deve essere condotto per stazioni. In tale sistema l'istruttore si dividono in più gruppi, stazioni, ciascuno dei quali svolge un determinato tipo di addestramento sul settore di terreno assegnato, gli allievi, a gruppi, normalmente in squadra, ruotano tra le varie stazioni secondo un piano precedentemente fissato. L'eccellente preparazione del personale istruttore deve costituire indispensabile premessa per un addestramento proficuo. Cambi distruttori durante il periodo addestrativo devono essere nei limiti del possibile evitati. Ogni allievo deve passare attraverso tutte le stazioni almeno una volta, quelli che dimostra difficoltà, più di una volta. Caratteristiche degli istruttori di stazione devono essere: pazienza, calma, atteggiamento comprensivo nei riguardi del singolo, capacità di eseguire personalmente quanto insegnato. A conclusione dell'addestramento di stazione gli allievi dovranno passare per la "striscia di prova e di reazione".

- Stazione numero uno: il mascheramento (sottrarsi all'osservazione). Possibilmente, prima di ogni addestramento, ripetere brevemente gli esercizi di disciplina.

  - Scorrimento della faccia e della parte superiore delle mani.Mascheramento dell'elmetto e dell'uniforme per il movimento e per la sosta: gli uomini vi provvedono sempre in coppia, una si maschera, l'altro ne controlla i risultati. Il gruppo è ripartito in coppia, fa cerchio intorno all'istruttore. Il soldato deve apprendere che la faccia e le mani sono visibili di notte, scorrendole con sughero bruciato, terra o colore nero, si devono rompere i contorni, anche fuliggine di carta bruciata può essere utile.

- Mascheramento dell'elmetto: occorre ricoprirlo con stoffa scura e non applicarvi la reticella che potrebbe facilmente impigliarsi.

- Mascheramento dell'uniforme da combattimento del materiale di equipaggiamento: scurire cinturone tasche, coprire il materiale di equipaggiamento lucido, rompere i contorni soprattutto ai fini della riflessione infrarossa con piccoli rami.

- Prove conclusive: una metà del gruppo si occulta a circa 50 m di distanza in modo da poter vedere l'altra metà del gruppo. Questi ultimi, ad un segnale, devono cercare di individuarli. In seguito scambiare.

○ Stazione numero due: sistemazione del vestiario e dell'equipaggiamento per non produrre rumori (sottrarsi all'ascolto). Possibilmente ripetere l'esercitazione di disciplina prima di ogni addestramento. L'avvolgimento delle scarpe compagni deve avvenire a caso per caso.

- Avvolgere con spago elastici le gambe in modo da tener fermo la tela dei pantaloni ed evitare il rumore di sfregamento. La mobilità delle articolazioni non deve però essere minimamente compromessa, gli allievi operano sempre in coppia.

- Evitare di portare al seguito oggetti metallici che, urtando tra loro potrebbero provocare rumori, ad esempio cartucce sciolte, caricatori a diretto contatto fra di loro, gavette, eccetera, e di lasciar prendere parti dell'equipaggiamento come borraccia, fodero della baionetta, cinghia del fucile, nel caso sia necessario disporre di tali oggetti fasciarli con stoffa almeno nei punti di attrito con altri.

- Avvolgere le scarpe con stracci, questa misura sarà perlopiù necessaria solo per brevi tratti, nei quali sia impossibile altrimenti camminare silenziosamente, ad esempio per brevi tratti di strada sui quali si voglia procedere celermente, per attraversare il pietraie, per attraversare i cespugli al fine di evitare rumori di strofinamento sulle calzature.

- Per azioni di piccoli gruppi, di notte (pattuglie di esplorazione, di combattimento, eccetera) indossare il berretto da montagna o il passamontagna, perché l'elmetto e fonte di rumori ed ostacola l'ascolto.

- Prove conclusive: controllare la libertà di movimento in qualunque posizione ed a qualunque andatura. Avvicinamento da 200 m di distanza. Non si deve udire alcun rumore di sfregamento o sbattimento, anche il contenuto delle tasche delle borse deve essere assicurato in modo tale che alla prova salto in e dall'alto siano assolutamente silenziosi.

○ Stazione numero tre: scelta di una posizione di vedetta di notte. Osservare, ascoltare, sottrarsi all'osservazione, agire di sorpresa.

- Controllare la direzione del vento, quella che porta dal nemico verso di noi è la più favorevole. Secondo l'intensità del vento eliminare tutto quello che, sotto la sua azione, produce rumori, come cespugli, alberi, eccetera.

- Per osservare sistemarsi in modo da poter osservare dal basso in alto.

- Per ascoltare sistemarsi in posizione

sopraelevata, in determinati casi scegliere una posizione di posta, ad esempio sugli alberi. Evitare di offrire la propria sagoma all'osservatore.

- Contro l'osservazione di apparecchiature infrarosso appostarsi tra la vegetazione o mascherarsi allo scoperto. Nessun movimento precipitoso!

- Nel corso dell'addestramento far cambiare gli appostamenti: in cespugli, nell'erba, allo scoperto, tra gli alberi.scambiare i posti di osservazione i posti di ascolto.

- Prove conclusive: una metà del gruppo muove in direzione dell'altro, e sistemate in posti di osservazione.Le vedette dirigono le loro armi (scariche!) contro quelli che si avvicinano. Quando uno di questi vede o sente una vedetta, grida visto. Gli istruttori controllano correggono gli errori.

○ Stazione numero quattro: impiego della luce. Comportamento in caso di improvvisa illuminazione del campo di battaglia (sottrarsi all'osservazione).

- L'impiego della luce può essere indispensabile per leggere una carta, un ordine o un documento nemico, per scrivere un rapporto, per impiegare uno strumento di puntamento. Si tenga però presente che il terreno pianeggiante, con una notte limpida, la luce di una torcia elettrica è visibile fino alla distanza di 10 km. Perciò, per leggere carte, compilare rapporti, eccetera, e opportuno sistemarsi in avvallamenti del terreno, fossati, buche o sotto la protezione di un telo da tenda, il telo da tenda deve essere sistemato in modo che non possa filtrare luce all'esterno. Attenzione nell'uso di capanne isolate e simili, possono essere troppo late, soprattutto in terreno infestato da guerriglieri. Nel corso dell'addestramento provare l'effetto della luce in diversi tipi di terreno.essenziale non abbagliare se stessi, cioè impiegare solo la luce indispensabile per conseguire lo scopo. In commercio si trovano penne a sfera illuminati, molto utile in questi casi.

- Molto importante è inoltre esercitarsi nel comportamento da tenere in caso di improvvisa illuminazione del campo di battaglia. Elementi fondamentali: udendo la tipica detonazione di artifici illuminanti in partenza:

- gettarsi a terra

- non guardare la sorgente luminosa

- osservare il terreno illuminato solo attraverso una fessura degli occhi o con un solo occhio

- se consentito dal terreno, gettarsi al riparo della vegetazione, ripararsi gli occhi dalla luce diretta e osservare, se necessario e possibile aprire il fuoco

■ Prove conclusive: per questa esercitazione devono essere sistemate appropriate sagome, gli obiettivi individuati devono essere segnalati dagli allievi. Subito dopo l'illuminazione fare riprendere immediatamente il movimento per mettere alla prova la residua capacità visiva degli allievi. In mancanza di munizioni illuminanti possono essere impiegate potenti pile tascabili o similari sorgenti di luce. Singoli artifici devono però essere comunque impiegati, altrimenti gli allievi non possono farsi un'idea precisa di questo mezzo illuminante, infatti l'artificio produce una sfera luminosa, mentre i proiettori producono invece un fascio più o meno debole di luce.nei due casi l'effetto è diverso e gli allievi si devono comportare diversamente.

○ Stazione numero cinque: movimenti in vicinanza del nemico (sottrarsi all'ascolto, agire di sorpresa, controllare sempre la direzione del vento).

  ▪ Tipi di movimento: è opportuno distinguere il movimento in vicinanza del nemico e quello a distanza più ravvicinata:

    • In vicinanza del nemico e conveniente avanzare con il passo del fantasma. Affinché il passo sia sicuro e silenzioso, mantenere il peso del corpo sul piede che rimane indietro. Il piede della gamba, che si porta in avanti, deve essere sollevata in alto, per evitare di fare rumori strisciando sull'erba o spezzando ramoscelli. Prima di poggiarlo a terra tastare con la punta il terreno e rilevare eventuali ostacoli o inciampi. Dopo aver scelto il punto adatto appoggiare la pianta del piede e, successivamente, il tallone, spostando in avanti il peso del corpo. L'arma si porta con entrambe le mani, vicina e diagonalmente al corpo, oppure, bilanciata nella palma della mano sinistra, in modo che non sporca dalla sagoma del corpo stesso. Procedendo in terreno boscoso o con cespugli alti, prima di eseguire il passo in avanti, esplorare con la mano destra lo spazio antistante per rilevare ed evitare l'eventuale presenza di rami o fili di trappole esplosive. La mano destra in avanti aiuta a mantenere l'equilibrio. Per assumere la posizione a terra, non agire come di giorno in quanto si provocherebbe troppo rumore. Conviene quindi:

○ Accovacciarsi lentamente, tenendo l'arma sotto l'ascella e sostenendola con la mano corrispondente.per facilitare il movimento si mantiene in avanti il piede opposto al braccio che sostiene l'arma e si solleva il tallone dell'altro piede

○ Tastare il terreno con la mano libera prima di poggiare il ginocchio che si trova dalla parte dell'arma

- ○ Sostenere il corpo sulla mano libera o sul ginocchio opposto, distendere l'altra gamba, alzandola leggermente, ed adagiarla sul terreno

- ○ Ruotare il corpo verso il lato dell'arma facendo forza sull'avambraccio della mano libera e sulla gamba distesa

- ○ Distendere quindi l'altra gamba ed assumere la posizione di tiro

- A distanza più ravvicinata dal nemico è opportuno muovere con il passo del gatto.

  - ○ Accovacciarsi nella maniera già descritta nella posizione a terra e, dopo aver tastato il terreno, mettersi a terra poggiando sulle ginocchia e sulle mani, disporre a terra l'arma su di un fianco (canna in avanti) oppure sul davanti, leggermente trasversale rispetto al corpo

  - ○ Tastare il terreno con una mano ed esplorare l'area immediatamente antistante, assicurandosi che non vi siano oggetti che possono provocare rumori o fili di trappole esplosive

○ Poggiare la mano in avanti con il pugno quasi chiuso (o palmo aperto) e, sollevando la gamba corrispondente, posarla in avanti con il ginocchio quasi all'altezza della mano

○ Eseguire lo stesso movimento con l'altra mano e ripeterlo per i successivi passi

○ Per spostare l'arma, sollevarla quando il ginocchio, opposto al fianco lungo il quale ci si trova, risulta spostato in avanti

• A stretto contatto col nemico, non strisciare sul terreno per non provocare rumore. In tal caso, si procede col passo del gattino. È lento, ma silenzioso, il passo si esegue nel modo seguente:

○ Mettersi a terra nel modo già descritto in precedenza e poggiare a terra lago, su un lato, all'altezza delle spalle, canna rivolta in avanti. Con i piedi uniti e braccia in avanti, dopo aver tastato lo spazio antistante, portare il più possibile in avanti, sollevandole le punte dei piedi

○ Sollevare il corpo spostandolo in avanti, facendo leva sulla punta dei piedi sugli avambracci

○ Adagiare lentamente il corpo sul terreno

○ Eseguire gli stessi movimenti per i passi successivi e fermarsi al primo cenno di pericolo

○ Con più di due passi, afferrare l'arma nel suo punto di equilibrio e, sollevandola, portarlo avanti rimettendola nella posizione iniziale

■ Prove conclusive: una metà del gruppo muove sul terreno variabile, da una distanza di circa 300 m, verso l'altra metà in posizione di vedetta. L'andatura deve essere lasciata alla libera scelta degli allievi. Gli allievi individuati dalle vedette vengono rinviati indietro ed effettuano nuovamente il movimento. Tali esercitazioni devono essere ripetute nel successivo sviluppo dell'addestramento, contemporaneamente devono essere accresciute la lunghezza dei tratti da percorrere e la difficoltà del terreno (esercitazioni di resistenza). Tempo metereologico, tipo di terreno ed umidità, pongono ai singoli allievi rilevanti. Il personale istruttore deve prestare attenzione affinché le esercitazioni siano organizzate razionalmente e con possibilità di avvicendamento.

○ Stazione numero sei: il superamento di ostacoli. Agire rapidamente con agilità, di sorpresa.

▪ Salita e discesa di ripidi pendii (sabbia, prato, pietraia): lentamente, silenziosamente, la mano a monte serve di appoggio, in vicinanza del nemico la mano a valle porta l'arma. Salire scendere in serpentina. Se il tipo di terreno lo consente, lasciarsi scivolare lungo il pendio con la testa in avanti. A notevole distanza dal nemico tenere l'arma sulla schiena, arrampicarsi con ambedue le mani. In tutti e due i casi fermarsi sulla linea di cresta ad osservare ed ascoltare, poi si potrà proseguire in ginocchio o eretti. Evitare cadute di sassi, sono udibili a distanza. Su pendii erbosi o sabbiosi imparare a precipitarsi rapidamente giù, ad esempio per l'improvvisa apertura del fuoco nemico. Arrivati giù, immediatamente al coperto, strisciare lateralmente. Perfezionamento: fulmineo movimento di discesa in seguito all'illuminazione improvvisa, la rapidità e decisiva! Non buttarsi subito a terra! Proteggere gli occhi dalla luce!

- Scavalcamento di muri ad altezza d'uomo o superiore: eseguito con la stessa meccanica usata durante il giorno, in gruppo, tre uomini, di cui due fanno da portatori. Vanno però tenuti in debito conto i seguenti accorgimenti:

  - Stabilire accordi preventivi per evitare mormorii

  - Evitare di esporsi al di sopra del ciglio

  - Lasciarsi scivolare al di là dell'ostacolo, senza saltare

  - Strisciare al sicuro dare sicurezza agli uomini seguenti

Questi esercizi devono essere ripetuti in forma di gara, elementi di giudizio sono la silenziosità e la rapidità.

- Attraversamento di un piccolo corso d'acqua (20/50 cm di profondità): ricercare un punto dove l'acqua fa più rumore (cascata, restringimento del corso d'acqua) in modo che il fruscio e il calpestio di coloro che si accingono a superarlo vengono confusi con il rumore della corrente.

- Superamento di reticolati. Questi sono normalmente muniti, come già accennato, di sistemi acustici di allarme (campanelli e trappole di inciampo). Ci si avvicina pertanto cautamente a tale tipo di ostacolo cercando di neutralizzare i dispositivi di allarme. Trattandosi di reticolato basso è possibile, il più delle volte, superarlo passando al di sopra di esso una gamba, tastando il terreno con precauzione prima di poggiare il piede. Procedere analogamente per l'altra gamba e lasciare il filo tenuto fino a quel momento per prendere il successivo. Se durante tale operazione viene impiegato un razzo artificio illuminante, accovacciarsi lentamente e restare immobili. Molto spesso trovandoci in presenza di reticolato alto a siepe, il modo più sicuro per attraversarlo è quello di passare al di sotto di esso: distendersi sulla schiena, porre il fucile sul petto e spingere il corpo in avanti con i piedi ed i gomiti, tenendo sollevato con le mani il filo spinato. Talvolta, per progredire, è necessario tagliare i fili del reticolato, in tal caso, effettuare il taglio soltanto sui fili più bassi al fine di rendere più difficile l'individuazione del varco da parte del nemico. Il filo deve essere reciso in prossimità del paletto, evitando che la parte tagliata sfoga liberamente, poiché il suo rumore potrebbe attrarre l'attenzione dell'avversario. È conveniente, pertanto, fasciare il filo con un pezzetto di stoffa, afferrarlo con una mano e applicare la pinza taglia fili in un punto compreso tra il paletto e la mano, tagliare attraverso la stoffa facendo forza progressivamente, spostare quindi con cautela, il troncone del filo tagliato. Operando in coppia, è opportuno che un uomo tenga il filo con ambedue le mani mentre l'altro lo taglia attraverso la stoffa.

- Stazione numero sette: la difesa NBC. Un allarme NBC di notte o sviluppare i militari non esercitati o addestrati superficialmente, nervosismo, inibizione ed in taluni casi il panico. L'impiego della maschera anti NBC, l'istintiva scelta di una copertura, il corrispondente preventivo lavoro di scavo, devono costituire oggetto di addestramento di giorno e di notte. Proprio da ciò possono dipendere l'incolumità e la vita del singolo. Questa stazione è compito esclusivo del sottufficiale addetto alla difesa nel pc. Prima ancora di ogni esercitazione bisogna rilevare la direzione del vento e spiegare l'influenza del tempo sull'impiego delle armi NBC. Questa stazione può essere messa in atto solo dopo che il livello addestrativo raggiunto ne consenta l'attuazione di notte. Documento base è il suo SOP n.1 di battaglione. Nello sviluppo del successivo addestramento notturno questa stazione deve essere mantenuta ed applicata per il costante aggiornamento anche del personale istruttore. Lavorando con o senza maschera devono essere costruiti ripari contro le armi NBC utilizzando prevalentemente le favorevoli condizioni offerte da buche, crateri, pieghe del terreno, rovine. A conclusione del lavoro, esercitazione deve essere ultimata con la sistemazione dell'arma e l'approntamento delle munizioni e delle bombe a mano.

○ Stazione numero otto: l'impiego delle armi da fuoco e delle bombe a mano. Rimanere calmi. Caricare le armi. Molta attenzione deve essere portata alla necessità di inserire la sicurezza prima e dopo l'uso dell'arma. Caricare ed inserire la sicurezza il più silenziosamente possibile. Di notte sussiste il pericolo di sparare alto e sparare troppo, cose queste che devono essere evitate.

▪ Per effettuare dalle postazioni un tiro notturno efficace e per sottrarsi contemporaneamente all'offesa avversaria: l'arma deve essere, sempre che possibile, appoggiata su un sostegno. È necessario spostarsi subito dopo aver fatto fuoco, la vampa ci localizza subito. Per la MG ricordarsi i dati da imporre in direzione e l'alzo per avere, in caso di necessità, l'arma puntata alla direzione di arresto automatico. Il fuoco da una posizione con luce artificiale (artifici illuminanti, proiettori) il rapido inquadramento dell'obiettivo ed il puntamento, la difesa dell'abbagliamento e del fuoco da postazioni in ombra, devono costituire oggetto di assiduo esercizio. Anche la bomba mano appartiene alla difesa notturna, completando le possibilità del fucile a distanze inferiori ai 30 m.

- Nel movimento di notte l'arma da fuoco per piegata alle minime distanze. Di notte pericolo maggiore è costituito dalle sparatoria generata dal nervosismo. L'addestramento deve essere condotto in modo tale che solo due o tre uomini alla volta siano esercitati a rispondere al fuoco. I pattugliatori devono in questa fase: riconoscere la provenienza della vampa, cercare un punto di riferimento, avanzare in osservata in direzione del punto di provenienza del fuoco. Alla successiva azione di fuoco del nemico aprire il fuoco (due o tre colpi a testa) o, in terreno ed a distanza favorevoli (meno di 30 m), lanciare la bomba a mano, quando questa scoppia lanciarsi in avanti con l'arma al fianco pronto a fuoco.

Striscia di reazione e di controllo

A conclusione dell'addestramento individuale tutti i militari passano, come già detto all'inizio del capitolo, per la striscia di reazione e di prova. Lunga tutta la striscia estesa una linea telefonica a cui sono collegati tutti i posti controllo. Chiamate comunicazioni avvengono secondo il numero del posto, i posti non interessati ascoltano. Ad ogni posto controllo si trovano uno o due istruttori che controllano il comportamento dei militari e, in caso di necessità, gli aiutano a prendere una decisione. Gli istruttori rimangono nascosti, fino a compito ultimato. È assolutamente proibito parlare a voce alta. Il tracciato da seguire è segnato con cartelli bianchi, numerati, indicanti la direzione da seguire. Alla partenza viene indicato il numero complessivo dei cartelli. Scopo della prova: i soldati devono mantenere la direzione, controllare la numerazione, fare attenzione al terreno, ascoltare, osservare e reagire secondo i casi. Non attivare la striscia sempre solo in vicinanza dei cartelli.2 uomini devono sempre muovere in modo che possano vedersi. Gli accordi non devono mai avvenire a voce alta. Il movimento non deve produrre il minimo rumore. La prova deve essere ripetuta di volta in volta, con variazioni e perfezionamenti, durante tutta l'addestramento. Essa consentirà di individuare i soldati più dotati e quelli che invece hanno bisogno ancora di aiuto.

4. Esercitazioni

Con l'esercitazione bisogna cominciare quanto prima, e se devono accompagnare le lezioni, le dimostrazioni e l'addestramento individuale.Le armi vanno lasciate in caserma, la tenuta e l'equipaggiamento devono essere leggeri per quanto consentito dal tempo e dalla stagione. Quello che soprattutto interessa è che i giovani militari acquistino pratica in questo campo addestrativo. Le esercitazioni devono essere sempre svolte a partiti contrapposti.Le situazioni in cui inserirle devono essere le più semplici. Inibizioni e paura spariranno, sostituite dalla soddisfazione della propria capacità ed autonomia di decisione.Le lezioni e l'addestramento individuale saranno sempre fatti rivivere nelle esercitazioni notturne. Anche il personale istruttore verrà stimolato ad imparare a meglio conoscere i propri allievi nel loro rendimento notturno.Le esercitazioni che seguono devono essere considerate come suggerimenti, perché le possibilità sono molte e svariate. Il tempo dovrà essere possibilmente secco e relativamente chiaro.

- Esercitazione numero uno: ascoltare, vedere, riferire. Treno possibilmente mosso e con vegetazione irregolare, attraversato da sentieri. Una linea facilmente riconoscibile del terreno costituisce la base sulla quale gli allievi vengono schierati, a tre a tre, in vedetta. Particolarmente idonei allo scopo sono: ponti, passerelle, uguali, incroci. Il nemico è costituito da 8/10 istruttori. Il compito degli allievi è:

  - Segnalare l'avvicinarsi del nemico a determinati punti, sistemati 50/100 m alle spalle e a tutti i noti.

  - Catturare un nemico (cattura avvenuta quando sia stata strappata la fascia bianca dal braccio).

  Il nemico, che procede a gruppi di due o tre

deve:

- ○ Avvicinarsi alla vedetta ingannandole con scricchiolio di rami o rotolamento o lancio di sassi.

- ○ Infiltrarsi attraverso la linea delle vedette.

- ○ Attaccarla alle spalle o dal fianco (fuori combattimento quando sia stato tolto il berretto).

Gli allievi saranno molto eccitati, parleranno e si muoveranno troppo, offriranno bersaglio. Esercitazione viene commentata alla fine, è opportuno, in questa sede, illustrare gli errori e di comportamento corretto, ma non rimproverare alcuno. Si lascia esporre sul posto agli allievi le loro impressioni e gli eventuali quesiti.

- • Esercitazione numero due: marcia in movimento in terreno difficile. Due gruppi (un ufficiale o due sottufficiali e 8/10 allievi) muovono secondo un prestabilito angolo di bussola l'uno contro l'altro con il compito di raggiungere una determinata linea prima del partito avversario e di difenderlo. Distanza dei punti di partenza: 2 km.Le direzioni di avvicinamento devono passare attraverso terreno difficile, possibilmente rotto, con vegetazione di vario tipo. Lungo la direzione di avvicinamento saranno dislocati i militari anziani con il compito di aprire il fuoco da una certa distanza, gettare artifici esplosivi illuminanti e disturbare comunque la marcia. Ciascun gruppo impiega due uomini sul fronte ed uno su ciascun lato per garantire la necessaria sicurezza a portata di vista. Quanto visto o sentito deve essere comunicato a bassa voce. Il primo reparto che raggiunge la linea stabilita è delimitata sul terreno si garantisce da sorprese con vedette e si prepara alla difesa. Quello che arriva dopo cerca di sorprendere il difensore. Anche qui ci si lascia strappare il bracciale è da considerarsi fuori combattimento. In questa esercitazione è opportuno, dopo l'adunata, contare il personale, e in caso di assenza di qualcuno, lanciare in alto razza illuminanti a intervalli di tempo per richiamare gli eventuali dispersi.

- Esercitazione numero tre: pattuglia di combattimento. Si formano due partiti contrapposti. Il partito azzurro, costituito da 2/3 pattuglie di combattimento (ciascuna su: 1 sottufficiale istruttore e 8/10 uomini) deve circondare a catturare i paracadutisti nemici (partito arancione: 4 uomini prescelti tre militari distintisi nelle precedenti esercitazioni notturne). Il partito arancione deve, a sua volta filtrare attraverso l'accerchiamento e raggiungere senza essere visto un punto noto a tutti gli appartenenti al partito arancione (un ponte, un albero isolato, eccetera). Subito prima dell'esercitazione viene assegnata ad essi la direzione di movimento. Se riescono a raggiungere l'obiettivo assegnato (toccandolo materialmente), la loro azione deve essere considerata riuscita. Inizio del movimento da una zona cespugliosa, 10 minuti dopo il partito azzurro. In questa esercitazione sono da considerare essenziali i seguenti punti:

o Il partito azzurro muove per settori, in linea, da tre o quattro direzioni, in collegamento a vista tra uomo e uomo, con l'obiettivo di circondare il tratto di terreno dove sono appostati gli avversari, penetrarvi come i battitori nella caccia alla lepre e catturarli, punto di partenza ad una distanza di circa 1000 m.

o Il partito arancione cerca i punti deboli nell'accerchiamento per uscirne fuori, riportandosi poi sulla direzione di movimento che conduce all'obiettivo.

o Imposto di stazionamento del nemico (arancione) viene indicato con una tenda, se gli azzurri la trovano vuota, è essenziale cambiare la direzione di ricerca e mettersi alla caccia degli avversari.

Chi si lascia strappare il bracciale è da

considerarsi fuori combattimento.

5. Allenamento fisico

La circolare 116/A/1 del 1977, nell'allegato A: Educazione Fisica, offre una quantità di suggerimenti e possibilità per lo svolgimento di uno specifico addestramento alle particolari esigenza del combattimento di notte. I programmi dell'addestramento notturno devono concordare con quelli dell'attività ginnico sportiva.

- Il movimento. Quando le possibilità visive sono ridotte si tende, durante il movimento, ad una maggiore tensione o ad una minore scioltezza.il miglior rimedio contro questo inconveniente e la ginnastica a corpo libero. La reazione agile di elastica in caso si inciampi, si cade in una buca o in caso si scivoli, viene ottenuta con esercizi di scioltezza. La corsa nei boschi dà necessaria forza alle gambe. Talvolta il movimento silenzioso si deve effettuare sulla punta delle dita o in punta di piedi. Anche questo può essere acquisito durante l'educazione fisica. Alla tecnica di respirazione bisogna dedicare particolare attenzione. Nell'andatura silenziosa eretta essenziale il costante scambio tra attenzione e rilasciamento dei muscoli.

- Il superamento di ostacoli. Un'azione notturna hai in sé le maggiori possibilità di successo se riesce laddove è meno probabile. La capacità di superare ostacoli viene migliorata mediante ginnastica agli ostacoli, esercizi al quadro svedese, superamento degli ostacoli al CAGSM, dando particolare importanza la silenziosità.

- Il combattimento ravvicinato. Nelle azioni di pattuglia si deve sempre tener conto della possibilità di giungere ad un corpo a corpo. Anche in questo campo un notevole aiuto potrà venire dall'attività ginnico sportiva. Particolarmente importanti sono gli esercizi di caduta tipo judo, gioco della palla strappata, le principali mosse di judo per immobilizzare il nemico, disarmarlo, portarlo via, difendersi dai suoi attacchi con armi da taglio o da punta. Soldati specializzati E principianti con particolare predisposizione devono ricevere un addestramento supplementare. Anche l'addestramento al combattimento dovrà essere condotto con il sistema delle stazioni.

  - Esercizio numero uno: attacco e lotta silenziosi. Questo addestramento inizia di giorno e deve essere condotto da istruttori qualificati. Tutti gli allievi dovranno almeno imparare i più semplici movimenti. A quelli che dimostreranno particolare attitudine sarà successivamente impartito un più approfondito addestramento. Il personale da addestrare dovrà essere ripartito in modo tale che ciascun istruttore non abbia più di 9/10 allievi (una squadra). Come avviene l'attacco silenzioso? Nel caso si debba eliminare una vedetta dalle spalle con il pugnale o la baionetta, occorre:

- Strisciare silenziosamente sino a portarsi il più possibile vicino all'avversario.

- Sollevarsi da terra, senza far rumore e avanzando leggermente curvi, con un balzo portare il ginocchio sinistro aderente ad una gamba dell'avversario, afferrare con la mano sinistra il mento dell'avversario, tenergli la testa in alto, indietro e da un lato. Vibrarli immediatamente il colpo col pugnale all'altezza dell'ultima costola.

Nel caso, non frequente, che 'attacco debba provenire di fronte:

- Si impugna l'arma come per l'attacco alle spalle.

- Si vibra il colpo all'addome oppure alla gola.

Supponiamo ora che si debbano prendere i prigionieri (compito frequente della pattuglia di combattimento): un avversario in piedi va attaccato da dietro, facendogli cadere o strappandogli l'arma che eventualmente abbia la mano, buttarlo a terra e contemporaneamente serrare il collo con forza con il braccio sinistro, premere la mano destra, con un guanto o con stracci, sulla bocca (pericolo di morsi) intimargli di non gridare, cosa questa che può riuscire più persuasiva appoggiandogli al collo la lama del pugnale. Per portarlo via afferrarlo al polso, torcendo il braccio in modo che debba procedere leggermente piegato in avanti. L'azione può essere condotta anche in coppia, mentre gli altri danno sicurezza all'azione, in tal caso uno lo afferra il collo, gli torce il braccio e l'altro gli fa chiaramente vedere, o meglio sentire, l'arma senza peraltro ferirlo. Un avversario disteso va attaccato saltandoli sulla schiena quanto più possibile dall'alto, passare il braccio sinistro intorno al collo e piegarle la testa indietro, torture il braccio destro. Il secondo uomo lo dissuade dal gridare o dall'opporre resistenza minacciandolo con l'arma. In ambedue i casi perquisire e disarmare immediatamente il prigioniero (baionetta, eccetera). Tali o simili procedimenti dovrebbero essere imparati da tutti i militari. In ogni caso, se non è possibile far tacere l'avversario con le minacce, colpirlo con il calcio dell'arma, ovvero con la parte posteriore dell'attrezzo leggero, o infine con il manico del pugnale, tra le scapole, si abbatterà così senza rumore.

○ Esercizio numero due: come parare i colpi. Il colpo può essere portato dall'alto, orizzontalmente o dal basso.per la difesa sono decisive la rapidità e la precisione della reazione. Parare un colpo con il calcio del fucile, l'attrezzo leggero, eccetera, é generalmente più facile che disarmati. L'argomento e, in ogni caso, motivo di addestramento particolareggiato in sede di educazione fisica (judo).

L'addestramento di reparto

L'addestramento di reparto si ricollega a quello individuale. Se questo è stato svolto prevalentemente in condizioni meteorologiche favorevoli (o quantomeno in quelle corrispondenti allo scopo delle elezioni) e ora invece il momento di conferire la massima importanza alla capacità di agire in ogni condizione meteorologica. L'addestramento deve essere svolto per squadre, si otterrà così un maggior rendimento e contemporaneamente si eviteranno noia e monotonia, che sono il peggior nemico dell'addestramento notturno. In tutte le esercitazioni deve essere rappresentato il nemico. Le situazioni di base devono essere le più semplici possibile.

1. L'orientamento di notte

La circolare n. 1000/A/1 fornisce numerose indicazioni per questo genere di addestramento. Esercitazioni con la bussola è opportuno siano attivate in modo che la squadra debba ripercorrere successivamente la stessa strada senza bussola.

I soldati devono essere abituati fin dall'inizio ad ad imprimere nella mente i punti caratteristici del terreno e, ove questi non siano presenti, a disporre segni di riconoscimento soprattutto agli incroci, biforcazioni, in terreno boscoso e cespuglioso. Segni sugli alberi o sui cespugli non basta, essi debbono essere facilmente individuabili, o perlomeno facili da ritrovare. Non bisogna però dimenticare che anche il nemico può riconoscerne il significato. Di questa possibilità bisogna tener conto nella scelta dei contrassegni da impiegare, bisogna cioè che non possono essere rilevati da chi non ne è a conoscenza. Pari importanza rivestono le esercitazioni di orientamento sul terreno con l'uso di schizzi spediti o fotografie aeree. In essere necessario che gli allievi imparano a scegliere e di indicare le linee di riferimento (Limiti di bosco, rive di laghi, corsi d'acqua, strade, sentieri) e i punti caratteristici (quote, mulini a vento, case isolate, incroci). Linee o punti di riferimento devono essere eseguiti anche se ciò obbliga a deviazioni della linea più breve.

La realizzazione di questo particolare addestramento si ottiene nel seguente modo: un gruppo, al massimo di 5/6 uomini, da considerare come dispersi, in territorio sconosciuto, possibilmente in parte boscoso deve ricongiungersi alle proprie linee.

- Inquadramento della situazione tattica creatasi (da fornire chiaramente al personale che agirà): "durante precedenti combattimenti la vostra compagnia è stata respinta dal nemico in questa direzione. Voi facevate parte di una pattuglia esplorante di 10 uomini, che doveva accertare se questo bosco era occupato dal nemico. Durante uno scontro a fuoco con più consistenti forze avversarie siete stati separati dal resto della pattuglia. Con il calare dell'oscurità il rumore del combattimento è andato scemando, si possono però ancora udire colpi di arma da fuoco in questa direzione, ad una distanza di 3/4 km".

- Ordini di esercitazione: "dovete raggiungere la località di..., 4 km da qui in direzione... Punto di arrivo: (ad esempio ponticello di... sul torrente X). Tutti i soldati incontrati lungo il cammino sono da considerare nemici".

- Elementi particolari: la miglior forma di condotta di questa esercitazione e far seguire il gruppo esercitato da un osservatore ufficiale o sottufficiale collegato via radio con la direzione dell'esercitazione e con l'attivazione. Per rappresentare il nemico si impiegheranno sulle strade e sentieri che intersecano la direzione di movimento, pattuglie motorizzate ed appiedate, le quali apriranno il fuoco contro i gruppi che nell'attraversamento si comportino in modo errato, inoltre sia posteranno in vicinanze di ponti, passerelle, radure passaggi obbligati. Lo scopo di queste misure è di far deviare i gruppi dalla giusta direzione e costringerli ad un nuovo orientamento.

- Le esercitazioni di orientamento devono essere ripetute con una certa frequenza e nel limite del possibile accoppiato ad altre attività addestrative che diano la possibilità di configurare la precipua attività in una situazione quanto più reale.

2. La sicurezza di notte

Nella guerra moderna ed in ogni terreno la minaccia del nemico è sempre incombente. Ogni unità, per piccola che sia, dovunque si trovi e con ogni tempo atmosferico deve perciò garantirsi contro sorprese di qualsiasi tipo (colpi di mano, sabotaggi, esplorazione avversaria). La tendenza alla superficialità ed alla leggerezza, la mancanza di reazioni istintive di fronte al pericolo sono i fattori che condizionano la sicurezza. Contro tali pericoli bisogna premunirsi con decisione durante l'addestramento. La migliore contromisura e l'addestramento al servizio di vedetta. Gli obiettivi sono:

- Acquistare fiducia di esperienza, nei limiti consentiti dal tempo di pace.

- Diventare ingegnosi nel mascheramento e nell'inganno.

- Acquistare pratica celerità nel lavoro con l'attrezzo leggero, utilizzare le possibilità offerte dal terreno, senza pregiudicare l'assolvimento dei rimanenti compiti (copertura contro interventi atomici e fuoco di armi convenzionali).

- Saper usare i mezzi ausiliari artificiali e naturali per garantire la sicurezza tecnica della postazione.

- Vigilare anche durante e dopo attività faticose.

Tutto questo richiede tempo. Fretta e superficialità vengono pagate a caro prezzo! Esercitazioni devono avere supposti semplice, e riguardare prevalentemente la sicurezza:

- Di truppe in sosta.

- Di un camminamento in vicinanza di una postazione o di un ricovero.

- Gli ostacoli attivi e passivi a protezione di avamposti e capisaldi.

- Gli automezzi (particolarmente importante per i conduttori).

Attraverso le esercitazioni i soldati si faranno un idea precisa in merito alla complessità e l'importanza di questo servizio. Ogni uomo dovrà conoscere:

- Situazione.

- Incarico.

- Compiti generici delle vedette.

Indicazioni per lo sviluppo dell'addestramento: si ripartiscono gli uomini in forze nemiche e forze proprie (ivi compreso pattuglie di esplorazione).

Sicurezza della sosta in vicinanza del nemico. Esempio

- Scelta del terreno: terreno ondulato, in parte

cespuglioso e con macchia di bosco, parallelamente alla fronte un sentiero o un piccolo torrente. Avvallamenti, letti di torrenti, fratture del terreno, macchie di cespugli o di bosco che penetrino nelle nostre line, sono particolarmente adatti e consentono un interessante sviluppo dell'esercitazione.

- Situazione: semplice e breve.

  - Gli azzurri agiscono nel proprio territorio nazionale. In fase di sfruttamento del successo, ottenuto nel corso di una controffensiva, è nato un inseguimento del nemico che dura da più giorni. Il giorno... ha luogo con l'inizio dell'oscurità, una sosta. La prosecuzione del movimento è prevista per il giorno successivo.

  - Arancione: dopo essersi attestato sulla posizione di... e di... oppone una certa resistenza. La nostra esplorazione accertato che il nemico e sistemata difesa a circa 2 km da qui.

  - Il nostro battaglione si appresta a sostare nella località di... a 1000 m di distanza.

  - La nostra squadra che costituisce la pattuglia di sicurezza svolge il suo compito precipuo da questa posizione di quota... Le tre vedette mi seguono per prendere gli ordini sulle loro postazioni.

- Ordini delle vedette sulle postazioni:

  ○ Posizione propria...

  ○ Attività del nemico: è molto probabile una certa attività esplorativa avversaria, né deve essere esclusa la possibilità che il nemico tenti di fare prigionieri.

  ○ Attività amica particolare: due nostre pattuglie esploranti sono da circa un'ora nella terra di nessuno, rientreranno presumibilmente da qui. Per il riconoscimento la pattuglia e metterà numero... segnali brevi seguiti da numero... segnali lunghi con una luce rossa. Noi risponderemo con numero... segnali brevi di luce bianca.

  ○ Il più prossimo avamposto a sinistra, a circa 200 m da qui, prenderà contatto con voi, il più prossimo a destra e a circa 150 m, la nostra squadra prenderà collegamento con lui.

  ○ Modalità per l'assolvimento del compito: pattuglia esplorante avversaria devono essere intercettate respinte se possibile, in caso contrario dovete ripiegare sull'ala destra della squadra, dove vi ho indicato prima. L'itinerario di ripiegamento passerà per... e per...

○ Modalità per l'allarme stazione: verrà attesa una linea d'allarme sin qui. Segnali:

▪ Una pattuglia esplorante si avvicina: tirare una volta.

▪ Una pattuglia esplorante e penetrata in direzione della squadra: tirare due volte.

▪ Nemico in forze preponderanti si avvicina: tirare più volte brevemente.

In tutti i casi io verrò di persona presso di voi per rendermi conto della situazione. Se nemico attacca in forza: rispondere con fuoco nutrito, lanciare un razzo da segnalazione verde, nella direzione di provenienza del nemico, rientrando lungo l'itinerario stabilito.

○ Lavori da compiere sulla postazione: appostamento per uomini distesi.

○ Settori di osservazione: vedete A e B limite sinistro..., limite destro... Vedetta (capogruppo): osserva da questa posizione a circa 5 m di distanza il pendio prativo.

○ Fili di allarme: nei cespugli a circa 50 m da qui dovete sistemare un filo di allarme e relativi barattoli di latta: il materiale è giù.

○ Modalità per i turni: sono le ore X, alle ore X +2, da parte del caporale... e di due uomini, parola d'ordine...

- Sviluppo iniziale dell'esercitazione: movimento di avvicinamento dalla postazione della squadra fino alle postazioni di vedetta o nelle vicinanze di queste: senza rumore, al coperto, insicurezza, osservando.

- Misure da adottare:

  o Preparare uno schizzo (fino a che c'è luce determinare e segnare i punti fondamentali del terreno) da impiegare contemporaneamente come schizzo di osservazione.

  o Ricognizione dei fili di allarme da parte del capogruppo e di un uomo al sopravvenire dell'oscurità.

  o Preparazione della posizione: scelta degli appostamenti, due scavano, uno osserva protetto dai cespugli.

  o L'osservazione non può mai venire interrotta dopo il sopraggiungere dell'oscurità. Sistemazione dei fili e linee di allarme: mentre un uomo dà sicurezza gli altri lavorano con l'accorgimento di sistemare i fili d'allarme con leggera curvatura, appendendo i barattoli non a contatto col terreno, ancorando l'estremità del filo su rami robusti (quelli leggeri si piegano con il vento scuotendo il filo). Come punti di appoggio per il filo libero inserirlo in piccoli cespugli che si muovono anche se sfiorati. Secondo il tipo di terreno e di vegetazione ed il tempo a disposizione, tirare un unico filo di allarme o più fili corti, possibilmente accoppiati ad altre apparecchiature tecniche.

- Attivazioni:

  ○ La pattuglia esplorante (che deve rientrare dalla terra di nessuno) è pronta alla partenza, dare:

    ▪ Codice dei segnali previsto per il riconoscimento.

    ▪ Itinerario.

    ▪ Incarico.

    ▪ Ora approssimativa di rientro.

    Le vedette intanto osservano il terreno con i binocoli ed ascoltano. La pattuglia parte.

  ○ La pattuglia di collegamento proveniente dall'avamposto vicino di sinistra (che deve collegarsi con voi) e vista dalle vedette che chiamano.La pattuglia procede al riconoscimento. Il capo pattuglia riferisce sul proprio compito, ubicazione dell'avamposto vicino dal quale proviene, le eventuali osservazioni. Le nostre vedette, allora volta, forniscono le proprie osservazioni ed il dispositivo di sicurezza.

○ La nostra pattuglia esplorante rientra: procedere all'identificazione poco prima o all'altezza degli appostamenti. In ogni caso, in modo che è un osservatore nemico non possa trarre alcune indicazioni in merito agli appostamenti. Scambio di informazioni:

- Informare la pattuglia sulla posizione della squadra.

- Il capo pattuglia comunica: mezz'ora fa abbiamo individuato una pattuglia nemica nella zona del punto numero quattro (stabilito paragonando carta topografica schizzo). Numero di uomini non accertato.

○ In vicinanza del punto numero tre viene riconosciuto movimento, la linea di allarme viene azionato due volte. Le vedette osservano il movimento nemico, senza trascurare l'osservazione dei rimanenti settori.

○ Altro nemico individuato presso il punto numero due: comandante di squadra viene avanti, orientamento. Ordini del comandante di squadra: "sembra un'azione in forze! Il nemico tenterà di farsi sotto per la zona cespugliosa, bisogna cercare di fermarlo. Se attacca dalla zona del numero due rientrare. Intanto faccio prendere posizione alla squadra".

○ I fili di allarme risuonano: l'avamposto apre un fuoco nutrito.

○ Il nemico va dal numero due al numero uno e prosegue il movimento lungo la zona cespugliosa verso le postazioni: le vedette lanciano razzi illuminanti bianchi e razzi da segnalazione Verdi in direzione del numero due. Fuoco nutrito sul nemico davanti e dentro i cespugli, ripiegamento.

○ Fine dell'esercitazione.

Sicurezza di una posizione in una sistemazione difensiva.

In una situazione del genere l'avversario che fronteggiamo si sforzerà, soprattutto mediante pattuglia, di acquisire tutte le possibili informazioni sui nostri reparti, sulle nostre misure difensive e sull'andamento e ubicazione dei nostri centri di fuoco. Azioni di pattuglia avversarie sono possibile ogni notte. Le vedette a protezione di appostamenti difensivi (come postazioni di armi, riserve te, campi minati, osservatori) sono particolarmente minacciate, perciò:

• Di giorno, postazioni diverse da quelle di notte.

• Possibilità di cambio al coperto.

- Sistema di allarme efficace.

- Ampia disponibilità di artifici illuminanti e di bombe a mano.

- Mezzi di sbarramento mobili supplementari (cavalli di Frisia).

Indicazioni per l'addestramento: è opportuno che questo addestramento venga accoppiato a quello di pattuglia di combattimento. Lavori difensivi, comprensivi di qualche ricovero o postazione coperta, devono sempre essere considerati. I militari devono essere stati in precedenza istruiti sul servizio di vedetta.

Esempio:

- Il vostro plotone, sistemato a capo saldo a difesa di quota..., Si articola in tre centri di fuoco avanzati ed uno arretrato. La posizione deve essere tenuta contro ogni attacco avversario. Da informazioni comunicateci dal comando di compagnia è molto probabile che il nemico inizi domani l'attacco facendolo precedere nella notte da intensa attività di pattuglia. La prima squadra, costituente centro di foca avanzato, organizza il servizio di vigilanza per la notte attivando un posto di vedetta in corrispondenza della postazione per MG.

- Misure particolari per la notte:

  o Due vedette accoppiate con l'accorgimento di far loro iniziare il servizio in ora diversa, in modo che, dei 2,1 si è sempre più riposato e quindi più attento dell'altro.

○ Ricordare che la durata dei turni non deve essere rigida, ma deve tener conto delle condizioni atmosferiche e di visibilità del momento.

○ Mascheramento individuale, mascheramento della posizione per la notte.

○ Cosa devono conoscere le vedette:

- Il tratto di terreno da sorvegliare.

- La posizione delle vedette vicine.

- Le pattuglie uscite e che possono rientrare passando nella zona assegnata per la sorveglianza.

- Modalità per il riconoscimento.

Sorveglianza di ostacolo passivo (alle spalle o all'interno di esso).

Vale la stessa situazione operativa del precedente. Esempio: per prima cosa garantire la sicurezza contro irruzioni mediante il rapido sbarramento dei camminamenti con cavalli di Frisia bassi. In ogni caso linea di allarme fino al posto comando di plotone. Materiali supplementari per le vedette: sufficienti artifici illuminanti e da segnalazione per richiedere il fuoco di artiglieria e mortai, munizionamento tracciante.

- Attivazione numero 1:1 pattuglia cerca di penetrare attraverso i nostri reticolati in corrispondenza della seconda squadra Vista? Sentita? Misure da porre in atto da parte delle vedette:

  ○ Stabilire la direzione e possibilmente la posizione, può essere infatti l'inizio di una azione.

  ○ Un uomo lascia la postazione e cerca di localizzare la pattuglia.

  ○ Trasmettere il segnale convenuto al posto comando di plotone, individuare il corridoio in corso di apertura.

  ○ Lancio di bombe a mano e fuoco le armi automatiche degli appostamenti e postazione della seconda squadra, le vedette aprono il fuoco solo in caso di diretta minaccia.

- Attivazione numero 2: 2 pattuglie trancia fili sono all'opera contemporaneamente ad un'azione di sorpresa.il nemico riesce irrompere nei camminamenti di collegamento della prima squadra. Misure da porre in atto da parte delle vedette:

  ○ Un uomo attivo con bombe a mano.

○ Un uomo combatte il nemico nel camminamento, in prossimità della postazione, con armi automatiche e bombe a mano.

○ Artifici illuminanti vengono lanciati dietro alla prossima curva del camminamento per abbagliare l'avversario.

• Attivazione numero tre: una nostra pattuglia esplorante lascia le linee. Le vedette devono conoscere l'incarico e la strada seguita dalla pattuglia, ma soprattutto l'itinerario di ritorno. Segnale di riconoscimento davanti all'ostacolo: lampeggiare con una pila elettrica con la seguente frequenza: . . . . . . In caso di necessità le vedette spareranno proiettili traccianti per indicare la direzione, mai però razzi illuminanti, che potrebbero riuscire dannosi alla pattuglia stessa. Sottolineare che compito principale delle vedette rimane la sicurezza contro azioni nemiche.

Sorveglianza di ostacolo attivo (alle spalle o all'interno di esso).

Esempio:

• Situazione: da sei giorni il terzo plotone della... compagnia, si è sistemata difesa e costituisce un caposaldo minore inglobato nel caposaldo di compagnia con il compito di concorrere al mantenimento di quota... La nostra squadra rinforzata costituisce il centro di fuoco avanzato a sinistra ed occupa il tratto di terreno che è compreso da... a....

- Compiti delle vedette in avamposto:

  ○ Sorveglianza del campo minato contro tentativi avversari di ricognizione e apertura varchi.

  ○ Sorveglianza del corridoio del campo minato.

  Sono stati comandati due posti di vedetta (ciascuna su due uomini), che schierati di qua dell'ostacolo, debbono sorvegliare ciascuno un determinato settore. L'estensione dei settori non consente, soprattutto in caso di tempo perturbato, l'osservazione e l'ascolto da un unico punto. Può perciò essere necessario separarsi temporaneamente per migliorare le condizioni di ascolto.

- Svolgimento dell'esercitazione: i posti di vedetta mantengono il collegamento tra di loro.i Intese tramite filo a trazione. Le vedette si spostano lungo la linea dei segnali. Collegamento con la posizione retrostante tramite staffette o linea di allarme.

- Scelta delle postazioni: copertura nei cespugli, in mancanza di questa protezione, mascheramento. Possibilità di muovere al coperto (attuare le tecniche di movimento secondo la copertura disponibile). Possibilità di riconoscere l'attività del nemico, comprese le misure di inganno.

- Attivazione: una pattuglia in movimento sull'itinerario numero uno:

  - Non si identifica con i segnali luminosi previsti: non sparare! Si tratterà di una nostra pattuglia? La parola d'ordine però tarda a venire.

  - Le vedette aprono il fuoco e, a distanza utile l'impiego, lanciano bombe a mano.

  - Dopo breve tempo una pattuglia chiaramente nemica attraversa la zona quasi al centro tra i due posti di vedetta a circa 50 m dal margine anteriore dell'ostacolo. Non chiamare! Sorvegliarne l'attività all'ostacolo! Tempestivo segnale lungo la linea di allarme.

  - Il nemico striscia in avvicinamento al margine anteriore del nostro campo minato. Se inizia dei sondaggi per identificarne l'andamento, lanciare un razzo illuminante, impiegare le armi individuali e le bombe a mano.La pattuglia viene respinta. Ascoltare. Il nemico non rinuncia, avvisare allora mediante la linea di allarme le forze retrostanti (come attivazione: una nostra arma automatica apre il fuoco). Ambedue i posti di vedetta rimangono in loco, sui loro appostamenti, e controllano il nemico. Sarebbe errore gravissimo se uno dei due accorresse a dare manforte a quello impegnato. Potrebbe essere una finta del nemico per allentare la sorveglianza sul tratto da superare.

Vedette a protezione di automezzi in sosta in zona esposta (possibile azione di pattuglie nemiche o guerriglieri).

Per quanto gli automezzi vengono fatti sostare di massima ad una distanza variabile dai 15 ai 20 km dal margine anteriore della pattuglia da ricognizione, deve essere tenuta sempre in debito conto la possibilità di attacchi di pattuglie a medio raggio o di guerriglieri. Di qui l'opportunità ad esempio di scegliere posti diversi per il parcheggio diurno e per quello notturno, ovvero può essere conveniente riunirli in gruppi, formando veri e propri parchi, soprattutto di notte o in caso di nebbia. La sicurezza e la difesa saranno realizzate tranne casi eccezionali, solo dai conduttori. Personale militare di reparti vicini, deve essere in grado di prestarsi vicendevole soccorso con gruppi di intervento. Ostacoli e sbarramenti dovranno quasi sempre essere affrontati e vedremo come. In caso di sosta prolungata é necessario interrare almeno parzialmente gli automezzi o proteggerne le parti più delicate (motore, serbatoio, radiatore, eccetera) con muri di sacchetti a terra o altro materiale. Non vanno dimenticate le misure antincendio più elementari: posti antincendio e distanza di sicurezza tra mezzo e mezzo.

Esempio: Questo esempio viene proposto come programma addestrativo per i conduttori di automezzi sia durante il corso di specializzazione vero e proprio che durante il periodo al reparto nel corso di esercitazioni ad ogni livello. I temi sono:

- Disciplina di movimento (luci spente, attenuare il rumore).

- Protezione dei mezzi dal fuoco avversario.

- Costruzione di un semplice riparo dalle intemperie.

- Servizio di sorveglianza agli automezzi.

- Approntamento di ostacoli e della posizione di sosta.

- Servizio di vedetta.

- Servizio e compiti delle pattuglie.

Indicazioni per la costruzione di ostacoli e la sistemazione della zona di sosta.

Quest'ultima deve essere facilmente controllabile a vista. Ove si trovassero zone boscose a ridosso dell'area, lì andranno impiegati rotoli di concertina (almeno due ordini affiancati e ancorati) sorvegliati da sentinelle in coppia. I lati sgombre da vegetazione possono essere invece sorvegliati da pattuglie o vedete mobili a seconda dell'entità dei mezzi.

Sentinelle a protezione della sosta di colonne durante le marce.

Queste esercitazioni sono particolarmente opportune per i conduttori così come per tutto il personale.Le colonne di marcia sono obiettivo sensibile e remunerativo della guerriglia e pertanto è assolutamente necessario predisporre sempre un'adeguata ed effettiva sicurezza. Le colonne di marcia a piedi o su automezzi sostano allato delle strade, possibilmente nei boschi, al coperto dall'osservazione aerea. La sicurezza della sosta deve essere rapidamente realizzata e altrettanto rapidamente entrare in azione, essa deve assicurare protezione contro:

- Esplorazione nemica e acquisizione obiettivi per le armi a lunga gittata.

- Sabotaggi.

- Colpi di mano.

Misure da adottare.in corrispondenza delle strade e dei principali sentieri vengono sistemate vedete, a distanza di 100/150 m le une dalle altre, distanza che potrà essere accorciata in relazione alla copertura del terreno (boschi, abitati, eccetera).

L'impiego del personale può essere limitato alle notti chiare, più massiccio in quelle scure e piovose. Va sempre predisposta un'aliquota di pronto intervento. Le posizioni delle vedette devono essere rinforzate, mascherate e sicuramente collegate con il comandante dell'unità in sosta in modo che questi possa essere tempestivamente informato su ogni situazione verificatasi. In questo tipo di esercitazioni possono essere esaminati i seguenti temi:

- Il combattimento con una formazione di guerrieri.

- Il ripiegamento e la riunione delle vedette.

- Il comportamento nei riguardi dei civili.

Esempio: reazione ad un tentativo di infiltrazione nella zona di sosta da parte di guerrieri:

- Elementi nemici vengono intercettati da una delle vedette.

- Impiego di razzi illuminanti la zona di scoperta e contemporanea comunicazione del tentativo al comandante dell'unità in sosta.

- Fissaggio con il fuoco degli elementi nemici da parte delle vedette prospicienti il lato dell'offesa.

- Impiego dell'aliquota di pronto intervento con aggiramento sul fianco.

La pattuglia di collegamento

Compito della pattuglia di collegamento è non solo la realizzazione del collegamento, manca il controllo dello spazio interposto tra i capisaldi e tra questi e i centri di fuoco isolati.

Prima dell'azione devono essere fissati i seguenti punti:

- Parola d'ordine.

- Itinerario da percorrere.

- Posti di osservazione e d'ascolto.

- Durata dell'azione.

- Punti di uscita dalle nostre posizioni.

- Contrassegni e segnali.

- Comportamento da tenere in caso di scoperta del nemico.

Sviluppo dell'addestramento:

Preparazione: la pattuglia (forza 3+1) deve vedere ed ascoltare, comunicare o allarmare, perciò:

- Adeguato mascheramento dei singoli.

- Assicurazione dell'equipaggiamento in modo da non fare rumore.

- Consegna, da parte di tutti i componenti, i documenti, lettere, diari, fotografie.

- Deposito di tutti i materiali di equipaggiamento non necessari.

- Studio del compito, dell'itinerario.

- Parola d'ordine e codice dei segnali.

Equipaggiamento:

- Tutti: berretto, fucile automatico, munizioni traccianti, baionetta.

- Comandante: pila elettrica tascabile, pistola da segnalazione con razzi illuminanti, bussola goniometrica.

  Controllo di ogni singolo partecipante prima dell'uscita dalle linee.

Condotta:

  Questa esercitazione deve essere considerata un modello standard ed attraverso di essa devono passare possibilmente tutti i soldati. Fasi dell'esercitazione:

- Abbandono delle posizioni: intese con le vedette (nel caposaldo) in merito a compiti ed itinerario, viene previsto un segnale luminoso a luce azzurra nata dal punto B.

- Avvicinamento al punto B: a seconda del terreno procedere in fila, a distanza di vista. Avvicinarsi strisciando alla linea di cresta della quota B. Ascoltare.

- Sosta sul punto B: sempre intervallati a distanza di vista ascoltare ed osservare. Trasmettere da posizione coperta al caposaldo il segnale luminoso in precedenza concordato.

- Prosecuzione sul punto C: uno o due uomini avanti, gli altri seguono e danno sicurezza a distanza variabile secondo le condizioni di visibilità. Se necessario, il personale rimasto indietro per dare sicurezza viene richiamato con segnali luminosi azzurri.

- Al punto C: cercare eventuali tracce sull'erba, ascoltare.

- Al punto D: nell'attraversamento del torrente un uomo precede mentre gli altri tre attraversano poi contemporaneamente.

- Al punto E: due uomini danno sicurezza, due controllano l'interno del casolare.

- Verso il punto F: procedere come tra A ed F.

- Al punto F: qui l'attenzione e la vigilanza non devono scemare! Poco prima del caposaldo i soldati danno sicurezza a giro d'orizzonte mentre il capo pattuglia procede da solo verso il caposaldo e si fa riconoscere. Dopodiché fa un segnale a luce azzurra ai suoi uomini e li controlla personalmente all'ingresso delle linee.

Attivazioni:

Questa esercitazione può

contemporaneamente essere accoppiata con:

- Una azione di pattuglia esplorante.

- Un tentativo del nemico di insediare nella notte nel casolare alcuni elementi di osservazione in previsione di un attacco per il giorno seguente.

- Al punto B la pattuglia di collegamento riconosce un movimento di uomini lungo la riva destra del torrente.

- A questo punto le domande: sono nostri o avversari? Si tratta di una pattuglia o del dispositivo di sicurezza di un'azione nemica lungo la riva del torrente? Grave errore sarebbe lanciare razzi illuminanti o aprire il fuoco. Invece due uomini osservano, il capo pattuglia vai in esplorazione con un soldato.

- Al punto C: una pattuglia esplorante nemica si avvicina (tre uomini).Non aprire il fuoco. Attaccare di sorpresa e farla prigioniera, nessuno deve sfuggire.

Un momento essenziale di questo addestramento è il riconoscimento di tracce o altre indicazioni del nemico: erba battuta, improvviso volare o fuggire di selvaggina, materiale di equipaggiamento perduto, tracce come rami rotti (in calma di vento).

Da ricordare che piccole unità che attuano l'infiltrazione nel nostro dispositivo spesso inviano esploratori in avanguardia, che lasciano, dietro di se, segnali o tracce, che serviranno poi ad un facile orientamento sul percorso da seguire delle unità stesse. Fare attenzione agli odori anormali. Se viene individuato il nemico in forze che cerca di infiltrarsi, non lanciare razzi illuminanti e non aprire il fuoco! Dare invece l'allarme alle nostre linee E cercare di seguire il movimento avversario. Da questo momento la pattuglia di collegamento diventa una pattuglia esplorante che deve accertare intenzioni e obiettivo del nemico. Al punto E: I due uomini della nostra pattuglia che si apprestano a controllare l'interno del casolare si accorgono che questi è occupato e che all'esterno il nemico ha sistemato due vedette per la sicurezza. Il comandante della pattuglia ordina che queste vengano eliminate, se possibile in silenzio, per irrompere, in un secondo tempo, di sorpresa all'interno del casolare e catturarne gli occupanti.

Queste esercitazioni sono particolarmente adatte all'addestramento del personale a lunga ferma, sottufficiali e capi pattuglia. Anche quando per motivi contingenti il terreno di esercitazione dovesse rimanere per lungo tempo sempre lo stesso (normale poligono di esercitazione) è possibile realizzare sempre nuove situazioni mediante adeguate attivazioni.

3. L'esplorazione di notte

Le pattuglie esploranti a contatto con il nemico ed il territorio nemico.

Preparazione

La preparazione comprende le misure adottate personalmente dai singoli, l'assegnazione del compito, la preparazione sul terreno, la comunicazione della parola d'ordine e, a seconda delle circostanze, l'assegnazione di particolare equipaggiamento, come apparati radio ed altro. La forza della pattuglia dipende dal compito. Quando, per esempio, debbano essere riconosciuti ostacoli a sbarramento di posizioni o smagliature tra i capisaldi, ovvero debba essere accertata la presenza e la frequenza del collegamento a mezzo pattuglia tra capisaldi nemici, le pattuglie devono essere di modesta consistenza (1+2 oppure 1+3). Quando invece la pattuglia deve penetrare in territorio nemico e si ipotizza il combattimento, la sua forza deve essere al minimo di una squadra organica. Per compiti particolari, la pattuglia può essere rinforzata con specialistiche, a seconda dei casi, possono essere: pionieri, informatori, operatori radio, osservatori di artiglieria.

Singole esercitazioni

L'avvicinamento al nemico:

- In terreno coperto, cespuglioso (a)

- Nelle fratture del terreno e negli avvallamenti (b)

- Nel bosco (c)

- In vicinanza di una fattoria (d)

Fare attenzione alla direzione del vento! Avvicinarsi sottovento! In direzione contraria a quella del vento (quest'ultimo aumenta la distanza di propagazione dei suoni). Se l'edificio non deve essere controllato all'interno: breve osservazione e ricerca di eventuali tracce.

- Presso sentieri, strade, torrenti e ponti che debbono essere attraversati (e): osservare, ascoltare, poi passare in un balzo, contemporaneamente.

- Nei punti sospetti, gole, forre, strade incassate, ponti di obbligato passaggio.

- In corrispondenza di corsi o specchi d'acqua poco profondi a girare il ponte e osservarlo dalla parte del nemico.

- In corrispondenza di corsi d'acqua profondi: due uomini strisciano fino al ponte, lo attraversano di scatto con le armi pronte al fuoco. Gli altri si avvicinano, danno sicurezza dalla loro parte, vengono infine richiamati con segnali a luce azzurra.

- In caso di improvviso incontro con il nemico: a seconda delle possibilità, lasciarlo passare ed evitare di sparare. Se il combattimento non può essere evitato cercare di fare almeno un prigioniero. Far portare subito indietro i prigionieri per un appropriato interrogatorio, prima provvedere a disarmarli, prelevare eventuali documenti, bussola, orologio. Farli accompagnare da due uomini.

- In caso di attacco improvviso, ad esempio con fuoco di mitragliatrice e lancio di illuminanti:

  ○ Raggiungere una posizione coperta.

  ○ Ripiegare un uomo per volta sul punto di raccolta retrostante.

  ○ Nuovo impiego della pattuglia.

- Superamento di piccoli specchi o corsi d'acqua: non sempre sarà possibile portare al seguito canotti pneumatici, inoltre il loro gonfiaggio richiede un certo tempo e nelle notti calme può essere udito anche a distanza. Il superamento di tali ostacoli potrà per contro, essere effettuato con l'aiuto di una fune e di un cavo: il primo uomo (eccellente nuotatore), senza equipaggiamento e vestiti, porta con sé uno spago collegato ad un'estremità della fune, una volta raggiunta l'altra riva tira lo spago, e con esso la fune, fissandolo alla base di un tronco d'albero. Il rimanente personale della pattuglia la tende e la fissa dalla propria parte del corso d'acqua. Il recupero degli uomini e del materiale d'armamento e degli zaini può essere realizzato grazie alla fune guida. La fune, al termine dell'operazione, non può essere lasciata sul posto, per evitare che una così evidente traccia della pattuglia possa venire individuata. L'ultimo uomo sgancia la fune dalla riva di partenza e viene con essa tirato dall'altra parte.

Compiti delle pattuglie esploranti

Individuazione della dislocazione di armi avversarie:

Situazione: Le forze contrapposte si fronteggiano da giorni sulle posizioni. Pattuglie di esplorazione azzurre non hanno potuto fino ad oggi conseguire risultati soddisfacenti. L'avversario a minato con mine antiuomo il terreno antistante. La pattuglia ha ricevuto il compito di aprire un corridoio ed individuare le armi della difesa avversaria.

Armamento ed equipaggiamento: quello previsto dalla pub. 2000 con in più aste di sondaggio e nastro segna mine.

Modalità di azione: La pattuglia avanza, seppur lentamente, ad andatura uniforme, seguendo avvallamenti (attenzione che questi spesso sono minati dal nemico!) e zone dove l'oscurità è più fitta. Saltuariamente effettua brevi fermate per controllare l'itinerario seguito, ascoltare ed assicurarsi che nessuno dei suoi componenti abbia perduto il contatto. In prossimità dei capisaldi nemici rallenta il movimento e procede al sondaggio del terreno ed al controllo di eventuali mine a pressione, strappo, rilascio di tensione. Una volta individuate, queste vanno visualizzate con gabbia segna mine o disattivate, in modo che il resto della pattuglia possa procedere con sicurezza attraverso il terreno. Al limite nell'ultimo tratto dell'avvicinamento, può essere teso sul terreno bonificato quale guida una fettuccia bianca. Giunta ad una certa distanza dalle linee nemiche la pattuglia sosta e, mantenendosi in condizione di proteggerne il movimento ed il successivo ripiegamento, distacca una coppia di uomini per accertare quanti più elementi possibili di quel tratto dell'organizzazione difensiva. Il ripiegamento nelle nostre line avverrà ovviamente nel tratto minato con la guida del nastro in precedenza posto sul terreno e quindi per itinerario diverso.

Esplorazione alle spalle del nemico:

Compiti: Esplorare in profondità alle spalle delle posizioni avversarie, dirigere il proprio fuoco a distanza. Questo addestramento è il più interessante per tutti i partecipanti e soprattutto il più lontano da ogni schema.

Esempi:

- Il nemico, attestato su posizioni favorevoli, controlla il terreno interposto mediante intensa attività di pattuglie. Si ritiene siano in afflusso forze fresche: nostre pattuglie esploranti penetrano nelle linee nemiche per assumere dati sulla situazione, è necessario l'impiego di più pattuglie (con o senza apparati radio).

- Penetrazione in fila, a scaglioni. Il nemico si difende su una linea di postazioni. Una nostra pattuglia deve penetrare nelle linee avversarie e accertare lo schieramento delle armi in profondità. In questo caso si deve prevedere perlopiù una lunga permanenza nelle linee avversarie, è perciò necessario portare al seguito apparati radio e viveri. Altri provvedimenti possono essere: approntare passaggi nei campi minati, con o senza l'ausilio dei pionieri, dare sicurezza all'azione durante il passaggio dell'ostacolo, ingannare l'avversario con azioni false o reali di pattuglie di combattimento o azioni di fuoco di artiglieria in corrispondenza di alcuni settori del dispositivo nemico, fissare un altro tra la prima e la seconda linea di postazioni per riunire il personale esplorare la zona, fissare una zona di raccolta della pattuglia.

- Pattuglia alle spalle della posizione nemica per l'osservazione e l'aggiustamento del tiro, in vista di un attacco programmato per il giorno successivo. Nostre forze hanno superato la tenace resistenza e dell'avversario costringendolo a ripiegare. Fino a sera non è però riuscito agli azzurri di conquistare quota 1200, sulla quale il nemico si è attestato, e che deve comunque essere conquistata il giorno successivo. Una pattuglia deve penetrare alle spalle del caposaldo nemico al fine di dirigere ed aggiustare da qui, con l'aiuto di un osservatore di artiglieria, il fuoco di preparazione, controllare l'attività del nemico e comunicare mutamenti nella situazione nemica. La pattuglia è composta da una squadra organica, più un osservatore di artiglieria con relativo apparato radio. Durante la penetrazione, l'artiglieria e le armi pesanti svolgono azione di disturbo sulle postazioni di armi automatiche del settore occidentale del caposaldo avversario. La squadra si sistema a difesa del punto stabilito organizzando la propria sicurezza mediante vedette dislocate in punti dai quali sia attuabile il controllo del terreno circostante.

Con l'inizio dell'attacco, al termine della preparazione, anche la pattuglia prende parte al combattimento aprendo il fuoco sulle posizioni e appostamenti riconosciuti, impedendo l'attività di osservatori, creando con ogni mezzo accorgimento il maggior scompiglio possibile nel dispositivo nemico.

4. La pattuglia di combattimento di notte

Ogni squadra e ogni plotone possono, in guerra, essere impiegati quali pattuglie di combattimento. Sottufficiali, graduati e soldati i doni devono essere particolarmente addestrati a questo tipo di azioni. Agli appartenenti ad una pattuglia di combattimento devono essere richiesti:

- Sicurezza nel movimento di notte.

- Sicuro affidamento.

- Resistenza fisica.

- Coraggio.

- Abilità.

- Prontezza di riflessi.

- Capacità di decisione.

Un'azione di pattuglia da combattimento ingenera un attacco condotto di sorpresa, prevalentemente da minori unità in un ben determinato punto dello schieramento avversario, con obiettivi non molto profondi. Molto spesso, condotto all'azione, il reparto rientra nelle proprie linee. Pattuglie di combattimento possono essere impiegate in attacco ed in difesa, la loro consistenza numerica ed i possibili rinforzi in personale specializzato dipendono dal compito. I principali compiti sono:

- Contrastare ed impedire il pattugliamento avversario.

- Infliggere danni al nemico, disturbar nell'attività operativa e lavorativa, catturando prigionieri, distruggendo materiali e mezzi, eliminando elementi di osservazione, di sicurezza, di ritardo.

- Controllare gli spazi vuoti.

- Conquistare una posizione difensiva avversaria a premessa di un attacco in forze.

- Proteggere le operazioni di apertura di passaggi nelle zone di ostacolo.

La pattuglia può però essere incaricata di assolvere tutti i compiti previsti per gli altri tipi di pattuglia, allorché ciò sia consigliato da particolari condizioni ambientali. La forza può variare da una squadra ad un plotone rinforzato. Può comprendere, se necessario per l'assolvimento del compito, elementi specializzati (pionieri, informatori, osservatori di artiglieria). Colpi di mano di pattuglia di combattimento devono essere sostenuti dal fuoco delle proprie armi pesanti e artiglieria. Condizione indispensabile per la riuscita dell'azione è una approfondita preparazione, che poggi su una precisa conoscenza della situazione difensiva avversaria e del terreno. Ogni uomo deve conoscere perfettamente il proprio compito.

La pattuglia di combattimento nella cattura di prigionieri

Prima fase: preparazione. Mascheramento del personale e preparazione del vestiario. Approntamento delle armi supplementari (ad es. delle bombe a mano). Su due bombe a mano almeno una deve essere avvolta con un panno per non produrre rumore. Devono essere effettuate: prove di movimento lento, le scarpe non devono produrre scricchiolii gli abiti non devono sfregare, prova di movimento veloce, i movimenti delle membra e delle articolazioni devono risultare liberi. Controllo delle armi, adattare le cinghie al trasporto per lo strisciamento, effettuare movimenti di prova in condizioni particolarmente sfavorevoli. Controllare il tipo di munizionamento e la pulizia dei caricatori. Provare le tasche porta munizioni, soprattutto la chiusura! All'atto del briefing, studiare compito, situazione e terreno. Conoscere a memoria l'indicazione di punti. Scegliere punti sicuramente visibili e facili da ritrovare anche di notte.

Seconda fase: avvicinamento.

Abbandono delle proprie posizioni, avvicinamento. I gruppi assalto ed il gruppo appoggio avanzano, nella terra di nessuno, in assoluto silenzio allunghi sbalzi (100 m), nella formazione consigliata dalle caratteristiche del terreno, dalla distanza dell'obiettivo e dalla visibilità. La pattuglia sosta sovente per ascoltare eventuali rumori e per controllare la direzione di movimento. Nell'avanzata gli uomini si mantengono nell'ambito dei singoli gruppi reciproco stretto contatto.ad ogni sosta i componenti si gettano a terra, facendo fronte all'esterno, in modo da realizzare una osservazione continua in tutte le direzioni. Una volta a terra, nell'ambito di ogni gruppo, essi prendono materiale contatto fra loro, divaricando le gambe sino a toccarsi scambievolmente i piedi. In prossimità del margine anteriore del campo minato viene impiegato il gruppo apertura dei corridoi (pionieri) mentre la pattuglia assolve compiti di sicurezza. L'attivazione è data da una mitragliatrice nemica che apre il fuoco o colpi di artiglieria sul terreno antistante.questi interventi di fuoco non devono influire sull'azione della pattuglia che deve comunque proseguire. Utilizzare la sparatoria in atto per coprire il proprio rumore.

Terza fase: trafilamento attraverso il corridoio e raggiungimento della posizione da attaccare. I pionieri si attestano al corridoio tenendosi pronti ad impiegare le armi. Gli altri gruppi muovono al segnale, o al comando, verso le posizioni assegnate. Abbandonare la fettuccia bianca delimitante il corridoio. L'attivazione è data da una pattuglia di sicurezza (1 + 2) avversaria che procede lungo un camminamento di collegamento tra due postazioni, il capo pattuglia spara un razzo illuminante. Lasciar passare la pattuglia avversaria tenendosi al coperto e osservarne la direzione di movimento. Il gruppo cattura prigionieri, scivola nel camminamento e la segue, tenersi pronti con le armi bianche (attacco silenzioso).

Quarta fase: cattura e traduzione dei prigionieri, rientro. Nella postazione un uomo è alla mitragliatrice e due dormono. Penetrare nella postazione pochi minuti dopo che si è allontanata la pattuglia di sicurezza. Due uomini mettono fuori combattimento il serpente la mitragliatrice, gli altri mobilizzano quelli addormentati, due uomini portano via i prigionieri, con terza raccoglie schizzi, carte, lettere, eccetera, poi segue dando sicurezza alle spalle. Il comandante di pattuglia segue per ultimo fino all'ostacolo, appena il gruppo cattura prigionieri a passato il corridoio emette due fischi con il fischietto da segnalazione. Rientro del gruppo di appoggio di destra, poi di quello di sinistra, infine nel comandante di pattuglia.per ultimi i prigionieri.

Attivazione: il nemico è in allarme, assaltatori avversari raggiungono a prima postazione. Provvedimenti da adottare: il gruppo appoggio di sinistra apri il fuoco e lancia granate a mano sulla postazione, il gruppo apertura corridoi prende parte al combattimento con fucili e bombe a mano. Il gruppo cattura prigionieri accelera l'andatura, la resistenza dei prigionieri deve essere rotta con i mezzi più persuasivi. Il gruppo di appoggio di destra si sposta il camminamento e dà sicurezza in profondità al gruppo cattura prigionieri. Quando questo ha passato il corridoio trafila anche il gruppo di appoggio di destra, prende posizione di qua dell'ostacolo e copre il ripiegamento del gruppo di appoggio di sinistra.

Attivazione: durante rientro verso le proprie posizioni, l'artiglieria e mitragliatrici avversarie aprono il fuoco sul corridoio sulla terra di nessuno. Provvedimenti da adottare: rimanere a terra, interrarsi secondo gli ordini, controllare i prigionieri, lasciare passare l'ondata del fuoco, rientrare infine nelle proprie posizioni.

In alternativa il tema ora visto la pattuglia di combattimento può avere il compito di rompere nei trincera menti nemici al semplice scopo di disturbare attività operativa lavorativa nemica: colpisci e fuggi. In tale caso la pattuglia deve essere di ridotte dimensioni (un gruppo a poggio ed uno assalto) per potersi muovere agilmente ed essere facilmente comandabile. Il combattimento in trincea e quindi il momento base di questo tema.

L'attacco. Se il nemico è vicino, il lancia bombe vicino getta la bomba dietro il prossimo gomito, alla detonazione balzano avanti il primo assaltatore e il comandante di pattuglia. I lanciatori a distanza battono il nemico a distanza utile. Gli altri serrano sotto, la sicurezza su tergo (alle spalle) e data dalla MG del gruppo appoggio.

Attivazione: il nemico attacca dal terreno aperto. Contromisure: il gruppo appoggio, i lanciatori vicini ed il vicecomandante battono il nemico in campo aperto con la MG e le armi individuali, ma non con le bombe a mano.

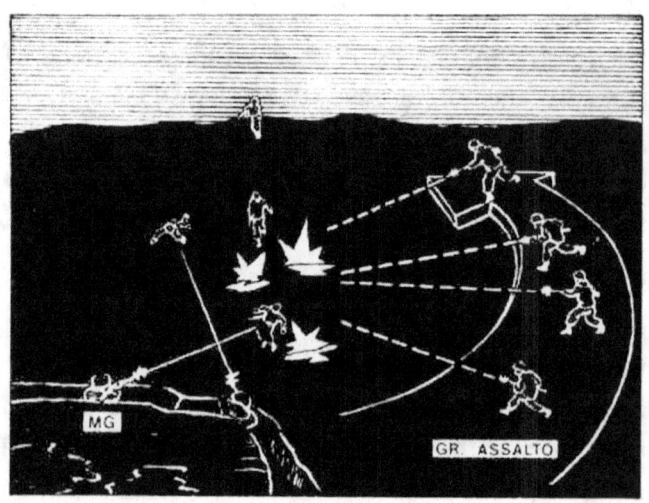

Il gruppo assalto con il comandante attacca i difensori uscendo fuori dal camminamento con bombe a mano e fuoco delle armi portatili, sola eccezione, un uomo del gruppo assalto tiene sotto controllo il gomito del trinceramento verso il nemico per prevenire da sorpresa la pattuglia. Eliminare rapidamente ostacoli e resistenze! Attenzione alle mine che il nemico può seminare ripiegando dentro il camminamento.al termine dell'attacco approntare una difesa di emergenza sulle postazioni avversarie, personale di sanità recupera i feriti propri.comunicare con le segnalazioni luminose convenute "obiettivo raggiunto". Propri mortai ed artiglieria aprono fuoco nutrito sulle postazioni avversarie non occupate e sull'amico che eventualmente muove al contra salto in terreno libero.

Il ripiegamento: Possibilmente non attraverso lo stesso corridoio: a tale scopo aprire due corridoi durante l'attacco. Il gruppo di apertura delimita il corridoio con nastro luminescente. Segnalazioni luminose con luce azzurra ad integrazione. All'uscita dei camminamenti il vice comandante, con due uomini del gruppo assalto danno sicurezza contro eventuali contrastanti avversari. Il nucleo appoggio attraversa il corridoio e si schiera di qua dell'ostacolo, da dove, insieme al gruppo apertura protegge ripiegamento nel rimanente personale della pattuglia. Per ultimo trafila il comandante di pattuglia.Questa non è che è una possibile esercitazione. Allorché si disponga di personale a lunga ferma, particolarmente idoneo ed è necessario personale di inquadramento, si possono introdurre interessanti attivazioni che consentiranno di perfezionare ulteriormente la capacità di decisione e di immediata esecuzione. A titolo di esempio:

- Durante l'infiltrazione viene segnalato un gruppo di soldati avversari che procedendo lungo il camminamento si avvia con materiale mine verso il corridoio da noi è aperto, pericolo che venga individuato il corridoio.

- Sopraffare immediatamente il gruppo avversario con il personale disponibile.nel ripiegamento posare nei vari rami dei trincera menti mine antiuomo.

- Un ufficiale avversario con uno o due accompagnatori muove nel camminamento in direzione della pattuglia, si ferma ogni tanto e si orienta con una carta o uno schizzo, una degli accompagnatori indica il terreno all'intorno.

È possibile che siano in corso i preparativi per una sostituzione dei reparti:

- Catturare possibilmente l'ufficiale, mettere gli accompagnatori fuori combattimento, sottrarre carte e documenti.

- L'azione della pattuglia viene riconosciuta e contro battuta nella fase iniziale, una mitragliatrice precedentemente non identificata apre il fuoco di infilata sul tratto di camminamento lungo il quale la pattuglia si accinge a transitare, contemporaneamente lancio di illuminanti sul camminamento.

- Questa mitragliatrice deve essere ridotta al silenzio sfruttando il rumore stesso prodotto dal fuoco avversario, prima però lancio di alcuni candelotti ne biogene sulla postazione nemica per accecare i serventi.

La pattuglia da combattimento nel contrasto pattugliamento avversario

Prima fase: per la preparazione vale quanto detto al precedente paragrafo, con un particolare accento nel corso del briefing all'itinerario ed ai punti di agguato. Ogni componente della pattuglia deve conoscere perfettamente l'itinerario da compiere!

Seconda fase: contrasto al pattugliamento. Abbandono

delle proprie posizioni. La pattuglia articolata in due gruppi (appoggio e assalto) avanza nella terra di nessuno, in assoluto silenzio a lunghi sbalzi, in posizione di sicurezza nella formazione consigliata dalle caratteristiche del terreno. Il raggiungimento della prima posizione di agguato corrisponde di massima ad un punto di passaggio obbligato (guado, strettoia, radura, eccetera). Sistemazione delle immediate adiacenze di tale posizione con la messa in opera di mine a strappo e mine illuminanti disposte in modo da non poter essere evitate e quindi da arrestare l'avversario. Al momento prestabilito, quando cioè una pattuglia avversaria è caduta nel nostro agguato, il gruppo appoggio apre il fuoco, mentre il gruppo assalto cerca di intercettare e catturare i nemici che tentano di ripiegare.

La pattuglia di combattimento in profondità nella posizione di resistenza, per fare prigionieri, disturbare l'attività del nemico, entrare in possesso di documenti.

Premessa essenziale a questo tipo di azioni è la disponibilità di informazioni, in particolare di quelle fornite dalla esplorazione fotografica aerea, dall'interrogatorio di prigionieri e dalla esplorazione terrestre. Il personale impiegato in queste azioni deve conoscere le astuzie del combattimento ed essere in grado di reperire ed interpretare le tracce del nemico.

Per esempio, una pattuglia deve catturare prigionieri.

Nella località A sembra esserci un comando, gli alloggiamenti sono ben sorvegliati.

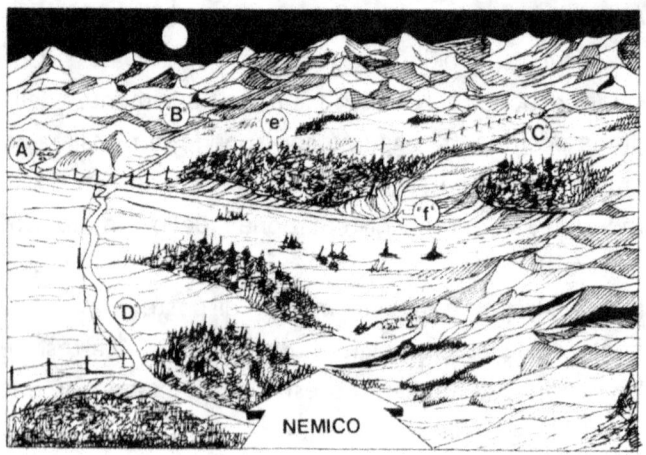

Sulla strada animato traffico di singoli automezzi in tutte le direzioni. Verso C viaggiano solo alcuni automezzi, la maggior parte muove invece da e per A. La linea telefonica per C scorre fuori strada, per B e D lungo la strada. Decisione: interrompere la linea per C nella macchia boscosa E e catturare uno o più guardafili. La pattuglia garantisce la sicurezza a giro d'orizzonte del punto in cui la linea viene interrotta, 3 o 4 uomini particolarmente pratici nello judo si appostano in vicinanza, pronti alla cattura. Appaiono due guardafili che, durante la riparazione, vengono sopraffatti e presi prigionieri. In alternativa, se devono essere catturati ufficiali e sottratti documenti, la pattuglia si apposta presso il punto F (curva della strada). Se è tempo di tempesta, tirare un robusto ramo lungo la strada. Una macchina arriva e si ferma. Gli uomini della pattuglia balzano sulla macchina. L'autista e gli eventuali ufficiali presenti vengono catturati. La macchina e l'autista vengono perquisiti alla ricerca di documenti, gli ufficiali alla ricerca di ordini e di carte topografiche. Se la notte è invece tranquilla si potranno buttare sulle spalle, per ingannare il nemico, teli da tenda o cappotti di preda bellica. Alla macchina viene intimato l'alt, appena si ferma il personale precedentemente nascosto in buche o nei cespugli balza, come descritto nel caso precedente, sulla macchina. Poco prima della cattura è però necessario togliersi di dosso il mascheramento per non contravvenire alle convenzioni di guerra. Prigionieri e documenti devono essere subito avviati alle nostre linee.

Misure di disturbo. La pattuglia ha assolto il proprio compito di fare prigionieri e di entrare in possesso di documenti. È ora sua intenzione rientrare nelle proprie linee prima dell'alba o di nascondersi nei boschi vicini per agire nuovamente il giorno successivo. Prima però posa mine di circostanza mascherate con piccoli rami, mucchi di fieno, giornali, eccetera, sulla strada B e D. Azioni a fuoco possono essere opportune quando il traffico è costituito prevalentemente da automezzi di rifornimento. Altrettanto buoni risultati pratici e morali possono dare attacchi improvvisi contro magazzini e posti di riparazione. Contro posti di distribuzione carburanti, impegnati in intensa attività di distribuzione, possono essere condotte singole azioni di disturbo. Elementi essenziali sono:

- Movimento entro le linee avversarie: marciare a lato di strade e piste, scegliere terreno difficile, sostare a tratti per ascoltare.

- Una volta raggiunto il posto: immediata sicurezza a giro d'orizzonte, mettere in atto l'osservazione con il sistema dell'orologio. Adattare il mascheramento all'ambiente, esplorare le vicinanze.

Sparare solo se direttamente attaccati, alla più breve distanza, con tutte le armi e con la determinazione di annientare il nemico. Se attaccati da forze preponderanti, ingannare l'avversario facendo ripiegare palesemente due o tre uomini in altra direzione. Il resto della pattuglia deve invece sganciarsi inosservato con il compito di condurre a termine il compito assegnato.

La scelta dei militari idonei all'impiego di notte

L'addestramento e le prove effettuate di volta in volta danno la possibilità al personale istruttore di ripartire i giovani soldati, alla fine dell'addestramento, secondo il grado di capacità raggiunto nelle azioni notturne. A titolo di riferimento si può ritenere valida la seguente classificazione percentuale:

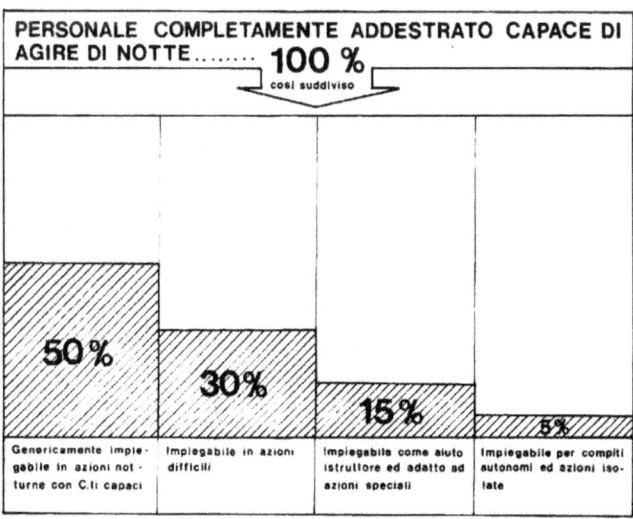

Una nota particolare va posta nell'addestramento degli specialisti o personale con cariche speciali (pionieri, guastatori, RT, RF, eccetera). Durante la guerra non sono stati rari i casi nei quali proprio questo personale non è stato all'altezza delle condizioni poste da improvvisi combattimenti notturni, perché troppo a lungo disavvezzo a questo genere di combattimenti.

Conclusioni

Lo sviluppo delle apparecchiature ausiliarie di avvistamento e rilevamento per l'esplorazione notturna, per la condotta del combattimento e per l'impiego delle armi pesanti continua senza sosta. Esistono già al giorno d'oggi eserciti che impiegano sistematicamente unità speciali per il combattimento notturno appositamente equipaggiate. Combattenti notturni ben addestrati possono affrontare con successo anche le unità sopra menzionate. Per contro, il soldato male o per niente addestrato e sin dall'inizio in condizioni di inferiorità e quindi battuta in partenza. La migliore azione di comando non può conseguire alcun risultato se le parti non sono all'altezza dei loro compiti. Il trascurare l'addestramento notturno perché non c'è tempo e atteggiamento da bollare come irresponsabile. Da tenere sempre presente e invece la constatazione che quello che le truppe rendono nel combattimento notturno, rendono anche di giorno.